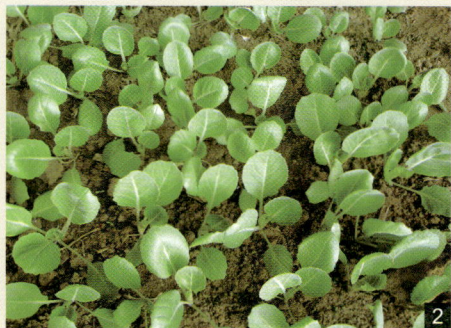

1. 羽衣甘蓝营养钵育苗
2. 甘蓝苗床分苗
3. 紫甘蓝春露地栽培
4. 盆栽羽衣甘蓝

1. 露地春甘蓝栽培

2. 露地越夏甘蓝栽培

3. 露地秋甘蓝栽培

1. 大棚秋甘蓝栽培
2. 日光温室冬春茬紫甘蓝栽培
3. 紫甘蓝管道无土栽培

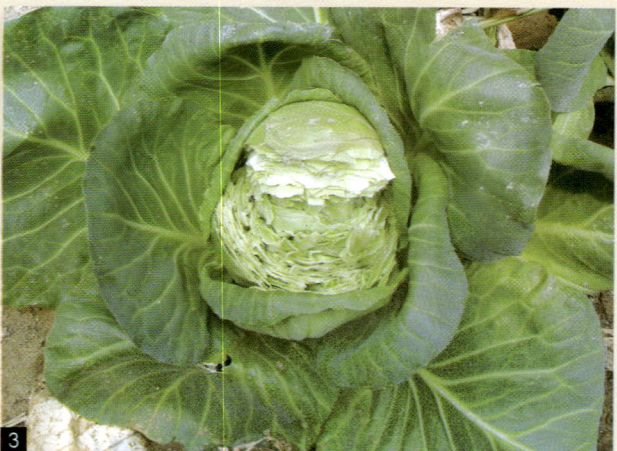

1. 甘蓝软腐病危害状
2. 甘蓝结小球状
3. 甘蓝裂球状

甘蓝
优质栽培新技术

GANLAN YOUZHI ZAIPEI XINJISHU

王　爽　主编

中国科学技术出版社
·北　京·

图书在版编目（CIP）数据

甘蓝优质栽培新技术 / 王爽主编 . —北京：
中国科学技术出版社，2018.1
ISBN 978-7-5046-7784-6

Ⅰ.①甘… Ⅱ.①王… Ⅲ.①甘蓝类蔬菜—蔬
菜园艺 Ⅳ.① S635

中国版本图书馆 CIP 数据核字（2017）第 276382 号

策划编辑	张海莲	乌日娜
责任编辑	张海莲	乌日娜
装帧设计	中文天地	
责任校对	焦 宁	
责任印制	徐 飞	

出　　版	中国科学技术出版社
发　　行	中国科学技术出版社发行部
地　　址	北京市海淀区中关村南大街16号
邮　　编	100081
发行电话	010-62173865
传　　真	010-62173081
网　　址	http://www.cspbooks.com.cn

开　　本	889mm×1194mm　1/32
字　　数	85千字
印　　张	3.75
彩　　页	4
版　　次	2018年1月第1版
印　　次	2018年1月第1次印刷
印　　刷	北京威远印刷有限公司
书　　号	ISBN 978-7-5046-7784-6 / S·699
定　　价	18.00元

本书编委会

主 编

王 爽

编著者

王 爽　赵明晶　张 涛　刘 滢

张耀莉　任伟嘉　林志伟　战长勇

$\mathcal{C}$*ontents* 目 录

第一章 概述 ………………………………………………………… 1

一、甘蓝产业发展现状与存在问题 ……………………………… 1

（一）栽培历史 …………………………………………… 1

（二）在蔬菜生产中的地位 ……………………………… 2

（三）生产现状 …………………………………………… 2

（四）存在问题 …………………………………………… 3

二、甘蓝产业发展趋势 …………………………………………… 5

（一）无公害规模化生产成为必然趋势 ………………… 5

（二）信息技术应用将占有重要地位 …………………… 5

（三）市场需求细化加速了品种需求的多样化 ………… 6

第二章 甘蓝栽培的生物学基础 ………………………………… 7

一、植物学特征 …………………………………………………… 7

（一）根 …………………………………………………… 7

（二）茎 …………………………………………………… 7

（三）叶 …………………………………………………… 8

（四）花和花序 …………………………………………… 8

（五）种子和果实 ………………………………………… 8

二、生长发育期 …………………………………………………… 9

（一）发芽期 ……………………………………………… 9

（二）幼苗期 ……………………………………………… 9

（三）莲座期 ··· 10

（四）结球期 ··· 10

（五）休眠期 ··· 11

三、生长发育对环境条件的要求 ················· 11

（一）温度 ··· 11

（二）水分 ··· 12

（三）光照 ··· 12

（四）土壤和营养 ·· 12

第三章　甘蓝类型与优良品种 ················· 14

一、甘蓝类型 ··· 14

（一）根据叶球形状分类 ······················· 14

（二）根据成熟期分类 ··························· 15

（三）根据栽培季节及熟性分类 ············· 15

二、优良品种 ··· 16

（一）春甘蓝品种 ·································· 16

（二）夏甘蓝品种 ·································· 19

（三）秋甘蓝品种 ·································· 23

（四）越冬甘蓝品种 ······························ 27

（五）特色甘蓝品种 ······························ 30

第四章　甘蓝高效栽培模式 ····················· 36

一、春甘蓝栽培技术 ······································· 36

（一）栽培方式 ···································· 36

（二）栽培条件 ···································· 37

（三）栽培技术要点 ······························ 38

二、夏甘蓝栽培技术 ······································· 46

（一）栽培方式 ···································· 46

（二）栽培条件 ···································· 46

（三）栽培技术要点 ……………………………… 47

三、秋甘蓝栽培技术 ……………………………… 49

（一）栽培方式 …………………………………… 49

（二）栽培条件 …………………………………… 50

（三）栽培技术要点 ……………………………… 50

四、越冬甘蓝栽培技术 …………………………… 56

（一）栽培方式 …………………………………… 56

（二）栽培条件 …………………………………… 56

（三）栽培技术要点 ……………………………… 56

五、特色甘蓝栽培技术 …………………………… 58

（一）甘蓝芽菜 …………………………………… 58

（二）羽衣甘蓝 …………………………………… 61

（三）抱子甘蓝 …………………………………… 67

（四）紫甘蓝 ……………………………………… 74

第五章　甘蓝病虫害防治技术 ………………… 76

一、病虫害综合防治措施 ………………………… 76

（一）农业防治 …………………………………… 76

（二）生物防治 …………………………………… 77

（三）物理防治 …………………………………… 78

二、虫害及防治 …………………………………… 79

（一）菜青虫 ……………………………………… 79

（二）小菜蛾 ……………………………………… 80

（三）甘蓝夜蛾 …………………………………… 82

（四）蚜虫 ………………………………………… 83

（五）菜螟 ………………………………………… 85

（六）菜蝽 ………………………………………… 86

（七）蛞蝓 ………………………………………… 87

三、侵染性病害及防治 …………………………… 88

（一）猝倒病 ·· 88

（二）立枯病 ·· 89

（三）病毒病 ·· 90

（四）软腐病 ·· 91

（五）黑腐病 ·· 91

（六）霜霉病 ·· 93

（七）炭疽病 ·· 93

（八）根肿病 ·· 94

四、生理性病害及防治 ······································ 95

（一）结球松散或不结球 ·································· 95

（二）裂球 ·· 96

（三）未熟抽薹 ·· 97

（四）结小球 ··· 98

第六章　甘蓝贮藏与加工技术 ······························· 100

一、贮藏方法 ·· 100

（一）假植贮藏法 ·· 100

（二）窖藏法 ·· 101

（三）冷风贮藏法 ·· 101

（四）气调贮藏法 ·· 102

二、加工技术 ·· 102

（一）脱水甘蓝 ··· 102

（二）速冻甘蓝 ··· 103

（三）香辣甘蓝 ··· 104

（四）西餐泡菜 ··· 104

（五）中式泡菜 ··· 104

参考文献 ·· 105

第一章
概　述

一、甘蓝产业发展现状与存在问题

甘蓝是结球甘蓝的简称，别名包菜、卷心菜、大头菜、莲花白、洋白菜等，为十字花科芸薹属蔬菜，2年生草本植物。甘蓝营养价值非常丰富，常吃甘蓝可以促进骨骼发育，并具有提高人体免疫力的功能，在十大日常健康食品中甘蓝是医学界推崇的抗癌防癌蔬菜之一。

（一）栽培历史

甘蓝起源于地中海沿岸，野生甘蓝不结球，在自然生长状态下，偶尔会出现一些为保护生长点免受冻害、叶片向生长点扣合形成叶球形态的变异品种，育种工作者经过长期选育及驯化培养出了现在所食用的结球甘蓝。

约在公元前2 000多年前，古罗马和希腊人开始栽培甘蓝，9世纪欧洲广泛栽培，16～18世纪甘蓝传入亚洲。我国最早有文献记述甘蓝的是《植物名图考》（1827），称甘蓝为"回子白菜"。蒋名川、叶静渊等根据我国古籍和地方志的记载，认为结球甘蓝是16世纪传入我国的。最初我国栽培的甘蓝品种均由国外引进，长期以来经过育种工作者的不懈努力，已经培育出适合不同生长季节和不同栽培形式的甘蓝类型和品种，目前我国已经成为甘蓝栽培面积最大的国家。

（二）在蔬菜生产中的地位

我国土地辽阔，气候条件复杂，而甘蓝适应性强，具有很强的抗寒能力和耐热性，容易栽培，而且高产稳产、耐贮运，若采用分批分期栽培，结合贮藏很容易达到周年供应的目的。所以，我国结球甘蓝产业发展较快，在全国各地广泛栽培，是我国种植面积最大的甘蓝类蔬菜，在蔬菜四季供应中占有重要地位。同时，除满足国内市场需求外，还大量销往我国港澳台地区以及东南亚和俄罗斯等国家。

甘蓝是我国东北、西北、华北等冷凉地区春、夏、秋3季的主要蔬菜。北方地区日光温室、大棚等设施栽培甘蓝主要满足深秋、冬季和早春的蔬菜市场供应，并进行露地甘蓝春季和秋栽培；高寒地区气候条件适宜进行越夏甘蓝栽培，满足夏季、秋季市场的供应；北方少数地区、中原南部进行越冬甘蓝栽培，满足早春市场供应；华南地区冬季栽培，除供应本地区需求外，部分销往国外。目前，甘蓝既是我国蔬菜市场周年供应的蔬菜，又是我国出口创汇蔬菜的主要品种。

（三）生产现状

我国甘蓝种植区域主要分布在山东、河南、河北、江苏、湖南等地，栽培面积逐年扩大。山东、河南、河北、山西等甘蓝主栽区，一直以中早熟春甘蓝栽培为主；华北平原中部、东北地区，乃至西北的陕西、青海等地，主要种植中晚熟甘蓝品种。随着甘蓝产业的迅速发展，其栽培方式、市场需求和生产专业化水平等也发生了重大变化。

1. 栽培方式 栽培方式由传统的春、夏、秋3季栽培发展到多模式栽培，随着地膜覆盖栽培技术的推广和各种园艺设施的综合应用，已形成了不受季节限制的栽培模式。在我国育种工作者的努力下，已选育出适合不同栽培季节、不同栽培形式的甘蓝品种，极大地促进了甘蓝栽培茬口的多样化。除传统的露地春甘蓝、越夏甘蓝、秋甘蓝栽培外，还可进行大棚早春、越夏覆盖和秋延后栽培；日光温室早春茬、越夏覆盖、秋冬茬栽培；利用我国气候多样性的特点，在高海拔、高纬度地区进行一年一茬甘蓝栽培；中原南部地区越冬栽培。同时，还由传统的单一栽培模式转向间作套种模式，如甘蓝与果树间作、甘蓝与粮食作物套种、甘蓝与蔬菜套种等栽培模式，可达到提高土地利用率和充分利用光热资源的目的。

2. 市场需求 随着人们生活水平的提高和膳食结构的巨大变革，对于甘蓝的球形、球色等也提出了更高的要求，由原来的满足于数量向质量、风味、食用兼观赏等多元化方面转化。目前，一些特种甘蓝栽培面积在不断扩大，紫甘蓝已经走上普通老百姓的餐桌，盆栽羽衣甘蓝成为花卉市场的新宠，抱子甘蓝也不再是什么新鲜事物，从未种过蔬菜的城市人也开始热衷于甘蓝芽菜种植。

3. 生产专业化 甘蓝生产由传统的零星栽培向规模化生产过渡，形成了分布在不同省份的专业化生产基地。目前，规模较大的甘蓝生产基地有山东、河北等地的冬春设施基地；山西、甘肃等地的越夏基地；河南、湖北等地的越冬基地；江苏、云南等地的秋冬基地。经营方式也向农民专业合作社、公司＋农户等转变，通过统一供应种子、统一技术指导、统一回收销售，带动农户生产高品质甘蓝，为农民增加收益提供有效途径。

（四）存在问题

1. 现有甘蓝品种不能满足日益增长的市场需求 蔬菜市场除对数量要求外，对甘蓝叶球的球形、球色、球面、大小等外观品质和叶球紧实度等提出越来越高的要求。甘蓝生产在满足周边城市需求的同时，随着社会的发展，近年又增加了北菜南运、西菜东调、出口外销等多渠道要求，因而引发了对于甘蓝耐裂型、优质型、长途运输型品种的需求。由于城市家庭人数的减少和出口对小型甘蓝的需求，叶球重量为 1 千克的小型品种越来越受欢迎。随着消费领域的延伸，国外市场试图以甘蓝代替生菜生食，又增加了对于甘蓝鲜食品种的需求。

2. 现代化生产对甘蓝机械化采收技术需求迫在眉睫　甘蓝机械化采收技术的研究发展，至今已有 80 余年的历史。1931 年前苏联研制成功了世界上第一台甘蓝收获机，将采收甘蓝推入了机械化时代。随后美国、日本等国都陆续研究出了甘蓝一次性采收机械。我国甘蓝采收还停留在手工阶段，与粮食作物相比，生产的机械化水平相当落后，这种现状远远不能适应农产品专业化、标准化和产业化发展的需求，制约了我国蔬菜现代化生产的发展。我国是甘蓝生产和出口大国，提高甘蓝自动化采收进程，结合我国国情研发采收甘蓝的机械产品是必由之路。

3. 甘蓝深加工产品需求量的增加对配套产业链建设提出新的要求　甘蓝叶球不仅可以鲜食、榨汁，而且还是加工脱水蔬菜、冷冻蔬菜、蔬菜汁、腌制蔬菜的主要原料。在发达国家脱水蔬菜、冷冻蔬菜占日常摄入蔬菜的比例很大，随着我国对外交流领域的不断拓展，甘蓝深加工也必将成为一项前景广阔的产业。

我国农产品保鲜加工产业薄弱，蔬菜深加工量不足蔬菜总产业的 10%。应通过调整蔬菜加工产品的结构，在传统的保鲜、冷冻、加工、配送基础上，增加生产脱水蔬菜食品、浓缩果菜汁、蔬菜泥、蔬菜卷等高科技含量的深加工产品，实现与国际市场的高点对接。大力支持甘蓝深加工产业链建设，对于促进农业产业化、提高农产品附加值、增加农业收入将起到重要作用。此外，甘蓝加工产业的发展对品种也提出了新要求，如脱水、冷冻加工，需要球型大、球叶颜色深的品种，因此在今后的育种方向上，应进行相关加工专用型甘蓝品种的培育。

二、甘蓝产业发展趋势

我国是甘蓝生产大国，目前已经满足了甘蓝四季供应。但是，人们对食品安全性、品种多样性提出了更高的要求。同时，甘蓝出口产业的拓展、长途调运的兴起、甘蓝由集贸市场向超市销售的变革、信息技术的发展等，令甘蓝产业形成了崭新的发展趋势。

（一）无公害规模化生产成为必然趋势

甘蓝周年栽培满足了人们对于蔬菜数量的需求，但是反季节设施栽培的发展使甘蓝病虫害日益严重，食用安全性极大下降，高品质无公害蔬菜越来越受人青睐，安全、健康已成为消费者的新要求。通过调整蔬菜产业结构，提高质量安全水平，建立长期稳定供给机制，大力发展无公害甘蓝生产，是今后甘蓝生产的必然趋势。

甘蓝规模化生产，有利于贯彻无公害蔬菜生产技术规程，同时也有利于对产品质量进行更加有效的监督，更有利于安排蔬菜茬口，通过合理轮作进行病虫害综合防治。大力扶持规模化无公害甘蓝生产示范基地，树立基地品牌，通过基地的示范、辐射、带动作用，全面提升我国无公害蔬菜生产整体水平，保证我国无公害蔬菜生产的健康发展。

（二）信息技术应用将占有重要地位

通过互联网让大棚卷帘、给蔬菜浇水；通过电商平台，把自家蔬菜直接送到消费者餐桌上，现代互联网技术与传统蔬菜产业融合，逐渐改变着蔬菜产业传统的种植和销售模式。甘蓝生产要充分利用互联网等现代信息技术，建立辐射到甘蓝重点生产区域和生产基地的信息科技服务网络，为蔬菜生产提供及时的科技、政策、需求等信息服务。通过打造"甘蓝电子商务平台"，大力推进"互联网＋甘蓝"产业，逐步建立以"订单"为纽带的新型经营机制，引导甘蓝种植大户、合作社和企业借助电子商务平台形成线上线下融合，发展各种网络直销模式，融通全产业链上下游之间的交流渠道，培养甘蓝产业新形态。

（三）市场需求细化加速了品种需求的多样化

我国反季节甘蓝栽培有日益增长趋势，日光温室秋冬茬、冬春茬、早春茬栽培；大棚春提早、秋延后栽培；夏季耐热栽培；越冬栽培等，为生产淡季提供甘蓝产品增加了途径，同时对甘蓝适宜品种的需求也越来越多。在今后的育种工作中，尤其要注重抗病、抗虫、优质、适合不同栽培季节和栽培茬口的甘蓝品种筛选。在确保甘蓝品种优质高产以及食用安全性的前提下，提高植株的抗虫性、抗病性，从根本上减轻病虫害对甘蓝的危害。积极探索以生物防治为主的无公害综合防治技术，提高甘蓝生产的安全性。

随着我国家庭人口结构和消费习惯的改变，中小球型甘蓝备受市场和消费者欢迎。甘蓝贮藏和加工业的发展，干制、脱水加工和饲用等方面甘蓝品种的需求明显上升。蔬菜调运、出口外销等多种销售渠道的拓展，引发了对优质型、耐裂型品种的需求。随着大众对于菜品花色、营养价值的追求，一些特色甘蓝品种供不应求，如抱子甘蓝、羽衣甘蓝、水果甘蓝等品种需求增加。市场需求的细化加速了对甘蓝品种需求的多样化，在今后的甘蓝品种选育工作中，应以市场之需及时调整育种方向，满足人们对于多种多样甘蓝品种的需求。

第二章
甘蓝栽培的生物学基础

一、植物学特征

（一）根

甘蓝主根肥大，须根多，为圆锥形根系。主根基部肥大，其上着生很多侧根，在主根、侧根上又着生许多须根。甘蓝主要根群分布在 60 厘米以内的土层中，以 30 厘米的表土层中最密集。根系吸收肥水能力比较强，而且还有一定的耐涝和耐旱能力。由于甘蓝根系再生能力较强，为促进植株根系发育，多进行育苗移栽。一般采取苗床育苗，在幼苗"拉十字"时进行分苗，通过分苗操作令根系受伤，从而促进根系壮大，为培育壮苗提供保障。

（二）茎

甘蓝的茎在营养生长期为短缩茎，分为内短缩茎和外短缩茎。内短缩茎是球叶着生位置，外短缩茎是莲座叶着生部位。生产中应选择短缩茎短小的品种，这是因为短缩茎越短，甘蓝叶球越紧实，品质越好。植株通过春化作用后抽出花茎，标志着甘蓝进入生殖生长阶段。花茎可分枝生叶，形成花序。以采收叶球为栽培目的时，应采取适当的措施抑制花茎的发生和生长，以保证植株正常形成产品器官。

（三）叶

甘蓝的叶片包括子叶、基生叶、幼苗叶、莲座叶和球叶。子叶对生，呈肾形；基生叶对生，卵圆形并具较长叶柄，与子叶垂直时期在栽培上称为"拉十字"；之后长出的叶为幼苗叶，一般为倒卵圆形，互生在短缩茎上。莲座叶宽大、具叶柄，生产中莲座期要注意充足的肥水供应，保证植株能形成足够大的同化器官，制造更多的光合产物储存在球叶中，但莲座后期要注意控制植株的营养生长，否则会影响产量形成。莲座叶至球叶叶柄逐渐变短，球叶无叶柄，叶片先端向内弯曲，叠抱成为叶球，是甘蓝同化产物的储藏器官。甘蓝叶面光滑，叶肉厚，叶色有深绿色和蓝绿色，叶表面的灰白色蜡粉具有减少水分蒸腾和防虫的作用。结球甘蓝叶片形态因其生长发育时期和品种类型不同而异，叶球形状也因品种而异，有圆球形、尖球形和扁圆形。

（四）花和花序

甘蓝为复总状花序，在主花茎的叶腋间发生一级分枝，在一级分枝的叶腋间发生二级分枝，若植株营养充足还可发生三、四级分枝。通过春化阶段的甘蓝在长日照条件下进入开花期，每株可开 800～1 000 朵花，从顶芽抽出的花序为主花序，从主花序上发生的花序再分枝 1～2 次，每一花序的花从下往上陆续开放。从一个花序来说，其花蕾均由下而上逐渐开花，每一朵花的开放时间为 3～4 天，整株开花期为 30～50 天。

甘蓝的花为完全花，包括花萼、花冠、雌蕊、雄蕊、蜜腺。花瓣黄色、4 枚，呈十字形，萼片绿色，雄蕊 6 枚，雌蕊 1 枚，属异花授粉植物。

（五）种子和果实

甘蓝的果实为圆柱形长角果，表面光滑略似念珠状。种子圆球形、红褐色或黑褐色，千粒重 3.3～4.5 千克。在自然条件下，我国北方干燥地区种子使用年限为 2～3 年，若在干燥器或密闭罐内保存，8～10 年后种子仍可以正常发芽。

二、生长发育期

在正常情况下，甘蓝栽培第一年为营养生长时期，主要形成植株的根、茎、叶等营养器官。当外界温度不适宜发育时，植株的大部分养分储藏在叶球内露地越冬或通过人工创造的适宜条件度过冬季。经过一个冬季，在此期间满足低温条件，植株通过春化作用，到第二年温光条件适宜时抽薹、开花、结实，完成植株的生殖生长阶段。春季播种时可表现为 1 年生，当植株达到一定大小感受低温，通过春化作用，可以直接从幼苗期、莲座期或经过短暂的结球期便进入抽薹期而开花形成种子。在甘蓝生产中，叶球为产品器官，所以植株主要经历营养生长时期，其生长发育期可划分为发芽期、幼苗期、莲座期、结球期和休眠期。

（一）发 芽 期

从播种到第一对基生叶片展开形成十字。甘蓝种子发芽的适宜温度为 20～25℃，发芽时间为 6～10 天。此时期主要靠种子自身的营养进行生长，种子好坏直接影响到发芽与幼苗生长质量。因此，生产中一定要选择纯度、发芽率和发芽势都较高的优质种子。种子易携带病害，一般多在播种前进行种子处理或者床土消毒，以降低苗期病害的发生。甘蓝喜冷凉，夏季播种需要搭设荫棚，低温季节育苗可在苗床底部铺设电热线。根据栽培季节的不同，采取相应的措施，为培育壮苗创造适宜的条件。

（二）幼 苗 期

从第一片真叶到第二叶环形成、5～8 片真叶为幼苗期，俗称"团棵期"，生长适宜温度为 17～20℃。一般秋冬季栽培需 50～60 天，夏秋季栽培需 30 天左右。此期栽培重点是促进幼苗根系发育，为高产稳产打好基础。生产中多根据栽培季节，采取相应措施保证幼苗生长适宜的温度、水分等环境条件，并注意防止幼苗徒长。

（三）莲座期

从第二叶环到长出第三叶环、16～24 片真叶为莲座期。早熟品种需 25～35 天，中晚熟品种需 30～40 天。此期是叶片和根系生长较快的时期，也是植株需肥水较多的时期，生产中应加强肥水管理，促进同化器官发育，为稳产高产奠定基础；加强中耕松土，保证植株根系的透气性，促进根系生长。莲座后期要控制浇水，不进行施肥，保证植株由莲座期平稳过渡到结球期。

（四）结球期

从开始结球到叶球收获结束为结球期，一般早熟品种需 20～25 天，晚熟品种需 30～50 天。结球是甘蓝在长期的演化过程中，经过人工选择和植株适应不良环境条件的结果，并形成结球的遗传性。叶球是营养储藏器官，其养分积累来源于外叶，叶球的充实程度和重量与球叶数和球叶重息息相关。甘蓝叶球的形成有一定的外叶数量要求，一般要求早熟品种外叶 15～20 片、中熟品种外叶 20～30 片、晚熟品种外叶 30 片以上，植株才开始结球。此期应是植株需肥水量最大的时期，一定要注重肥水的充足供应才能保证足够的叶片面积。在结球后期要控制浇水，防止裂球现象发生。采收前期要注意速效氮肥的施用时间，防止产品器官亚硝酸盐含量超标。

甘蓝属于绿体春化型蔬菜，当植株的茎达到相应的粗度，经过 10℃以下的低温通过春化阶段，无论植株结球与否均可抽薹开花。甘蓝通过春化阶段必须具备 3 个条件：一是幼苗要有一定大小的营养体。一般来说，当幼苗叶片达到 3 片（早熟品种）或 6 片（晚熟品种）以上、茎粗达 0.6 厘米以上时就可以感受低温的影响。但不同品种，其通过春化阶段的要求各异，早熟品种冬性一般较弱，通过春化阶段的幼苗较小，在茎粗 0.7 厘米时，经过 30～40 天的低温可通过春化；而中晚熟品种有较强的冬性，通过春化所要求的幼苗较大，在幼苗茎粗 1.3 厘米以上，经过 70 天以上才能通过春化。二是有合适的低温条件。甘蓝通过春化阶段的低温范围一般为 0～10℃，在 4～5℃时通过春化的时间较短。大多数品种在 15.6℃以上不能通过春化阶段。三是要经过一段长的时间。甘蓝的这一特性要求在以采收叶球为目的的生产中，严格控制定植植株大小和定植时期，防止出现抽薹现象导致大面积减产。从低纬度地区往高纬度地区引种时，应注意品种的冬性强弱，尤其是生产春甘蓝时必须选择冬性强的品种，否则容易出现未熟抽薹现象。

（五）休 眠 期

当外界环境条件不良时，植株进入休眠状态。北方地区需要将叶球贮存在适宜的环境条件下度过此时期，并通过春化阶段。此期应注意控制温湿度，尽可能减少储藏在叶球中的养分消耗。华北南部及长江流域甘蓝植株可在露地越冬，但在气温不正常年份要采取保温防冻措施。

三、生长发育对环境条件的要求

（一）温　度

甘蓝原产于地中海沿岸，喜温和冷凉的气候条件，植株比较耐寒，对高温也有一定的耐受能力。甘蓝种子发芽适宜温度为 23～25℃；外叶生长适宜温度为 20～25℃；叶球生长适宜温度为 17～20℃，结球期温度过高容易出现叶球小、包球不紧的现象，因此在甘蓝结球期应尽量创造 25℃以下的环境条件，特别是在昼夜温差大的条件下有利于养分积累，叶球紧实。高温干旱易造成叶球松散，品质变劣。甘蓝是绿体春化型蔬菜，植株由营养生长转为生殖生长时对环境条件要求严格，当幼苗茎粗达到 0.6～0.8 厘米及以上时，感受一定时间 10℃以下的低温就可完成春化阶段。

（二）水　分

甘蓝根系分布较浅，叶片较大，蒸腾旺盛，而且喜欢在湿润条件下生长，不耐干旱，要求空气相对湿度 80%～90%、土壤相对湿度 70%～80%。在幼苗期和莲座期能忍耐一定的干旱，但易造成生长缓慢，植株弱小，影响产量。结球期喜土壤水分多、空气湿润，若环境条件不适宜，易引起叶片脱落，叶球品质不良。因此，在结球期应注意及时浇水，保持土壤湿润，满足叶球正常生长对水分的需求。植株进入莲座期，一定要保证充足的肥水供应，促进植株营养生长，形成更大的同化面积，为稳产高产打好基础。莲座后期应适当控制浇水进行蹲苗，当植株心叶开始抱合时，标志植株已进入结球期，应立即结束蹲苗，开始浇水追肥，促进结球。

（三）光　照

甘蓝喜光，属长日照蔬菜，光饱和点 3 万～5 万勒。在植株完成春化阶段后，长日照有利于植株抽薹、开花。幼苗期和莲座期要求光照充足；结球期要求较短的日照时数和较弱的光照强度，以利于叶球形成并具有较高的品质。

（四）土壤和营养

甘蓝对土壤的适应性较强，适宜土壤 pH 值为 5.5～6.5。栽培时应选择保肥、保水性好的肥沃壤土。甘蓝是喜肥、耐肥作物，不同生育阶段中对各种营养元素的要求不同。早期吸收氮素较多，到莲座期对氮素的需求量达到最高峰，叶球形成期则吸收磷素、钾素较多，全生长期吸收氮：磷：钾的比例为3：1：4。生产中在施肥时应遵循的原则：基肥为主，重视追肥，施足氮肥的基础上配合磷、钾肥，尤其注重甘蓝结球期磷、钾肥的施用量。

第三章
甘蓝类型与优良品种

一、甘蓝类型

甘蓝在长期的自然选择和育种工作者的人工选择过程中，形成了丰富的品种类型。根据其叶球形状不同，可分为尖头类型、圆头类型和平头类型；根据栽培季节及熟性，分为春甘蓝、夏甘蓝、秋甘蓝及越冬甘蓝；根据其植物学特征，可分为普通甘蓝、紫甘蓝、皱叶甘蓝等；根据成熟期长短可分为早熟品种、中熟品种和晚熟品种；根据用途可分为鲜食甘蓝、水果甘蓝、加工型甘蓝和鲜食加工兼用型甘蓝等。目前，生产中主要根据甘蓝叶球形状、成熟期长短和栽培季节进行分类。

（一）根据叶球形状分类

1. 尖头类型 叶球比较小而且尖，类似心脏形。此品种大多生长期短，植株矮小，冬性较强，低温季节栽培不易发生未熟抽薹现象。一般在我国北方主要作为春季早熟甘蓝栽培，长江流域多作为越冬甘蓝栽培。单球重 0.5～1.5 千克，早熟品种居多。代表品种有牛心甘蓝、春丰甘蓝、鸡心甘蓝等。

2. 圆头类型 叶球圆球形，结球坚实，球形整齐度高，品质较好。此类型品种冬性较弱，春季栽培容易出现未熟抽薹现象，植株抗病性不强。在我国北方主要作为春季早熟甘蓝栽培或早熟秋甘蓝栽培，大多为早熟或中熟品种。代表品种有中甘 11 号、中甘 15 号、金早生等。

3. 平头类型　叶球为扁圆球形，结球紧实。此品种生长期较长，植株生长势强，大多为晚熟或中熟品种。品种冬性介于尖头类型和圆头类型之间，也有部分冬性强、抗病性强的品种。我国各地栽培的中熟、晚熟甘蓝和夏秋甘蓝品种多属于此类型。南方地区多作为夏秋甘蓝栽培，北方地区作为中晚熟春甘蓝或晚熟秋甘蓝栽培。代表品种有黑叶小平头、秋甘 1 号、京丰 1 号、晚丰等。

（二）根据成熟期分类

1. 早熟品种　从定植到收获需 45～55 天，代表品种有中甘 11 号、中甘 15 号、春甘 2 号等。早熟品种适宜春提早栽培、越夏栽培等栽培模式，由于栽培时间短，植株大多生长势不强，适宜密植。

2. 中熟品种　从定植到收获需 65～80 天，代表品种有秋甘 3 号、庆丰等。

3. 晚熟品种　从定植到收获需 80～90 天，代表品种有秋甘 1 号、京丰 1 号、晚丰等。晚熟品种适宜秋季栽培、一年一茬栽培，此类品种具有产量高、品种优，适宜贮藏、加工和远距离运输的特点。

（三）根据栽培季节及熟性分类

1. 春甘蓝　适宜在冬季播种育苗，春季栽培。该类型品种一般品质好，但抗病性、耐热性较差。按其成熟期可分为早熟春甘蓝和中晚熟春甘蓝，早熟春甘蓝定植后 40～60 天收获，叶球多为圆头形或尖头形；中晚熟品种春甘蓝定植后 70～90 天收获，叶球多为平头形。

2. 夏甘蓝　一般指在二季作地区 4～5 月份播种、8～9 月份收获上市的品种类型。该品种类型一般耐热、抗病虫性好，叶色较深，叶片蜡粉较多，多为平头形品种。近年来，在我国高海拔、高纬度的冷凉地区进行越夏甘蓝栽培，获得了较好的效果。

3. 秋甘蓝　在夏末秋初播种育苗，于秋末或秋季收获上市。前期温度高，能满足甘蓝种子萌发和幼苗生长的要求；生长后期，气温冷凉，昼夜温差加大，适宜叶球形成。秋季温度低，不利于病害发生，生产中很少用药甚至不用药。秋甘蓝栽培容易，产量高，品质优。

4. 越冬甘蓝　越冬甘蓝是指冬前播种定植，冬季不用防护或者稍加覆盖就能露地安全越冬，翌年春收获的品种。越冬甘蓝具有栽培容易、病虫害少的特点，产品器官可在春淡季上市，品质优，种植效益好。

二、优良品种

（一）春甘蓝品种

1. 中甘10号　中国农业科学院蔬菜花卉研究所选育的早熟春甘蓝品种。植株开展度40～48厘米，外叶12～15片，叶绿色，叶片倒卵圆形，叶面蜡粉中等。叶球紧实、圆球形，叶质脆嫩。品种的冬性和耐寒性较强，不易发生未熟抽薹，适于北方地区春季露地栽培。单球重0.8～1千克，每667米^{2}产量3 200～3 800千克。

2. 中甘21号　中国农业科学院蔬菜花卉研究所选育而成的优质、早熟春甘蓝新品种，定植到收获需50天左右。叶球圆球形，紧实度高，耐裂球，抗逆性强，不易未熟抽薹。植株开展度约52厘米，外叶色绿，叶面蜡粉少，叶球紧实，叶质脆嫩，球内中心柱长约6厘米。单球重1～1.5千克，每667米^{2}产量4 000千克左右。适于我国华北、东北、西北及云南地区作露地早熟春甘蓝种植，华北、西北高海拔冷凉地区也可越夏栽培，长江中下游及华南部分地区也可在秋季播种、冬季收获上市。

3. 中甘 165　中国农业科学院蔬菜花卉研究所选育的早熟春甘蓝品种。植株开展度约 46 厘米，生长势强，外叶绿色，蜡粉中等。叶球圆球形、绿色，结球紧实，叶球紧实度 0.72，中心柱长占球高的 0.45，商品性好。从定植到收获约 63 天，叶球成熟后应及时采收上市，防止裂球。单球重约 1.3 千克，每 667 米^{2}平均产量 5 150.8 千克。华北地区春露地栽培，1 月中下旬改良阳畦或日光温室育苗，3 月底至 4 月初定植，每 667 米^{2}种植约 4 500 株。可在北京、浙江、云南等地作早熟春甘蓝露地栽培。

4. 8398（金）　中国农业科学院蔬菜花卉研究所利用雄性不育系培育而成，除保持原 8398 的特征特性外，整齐度更高，杂交率达 100%。植株开展度约 50 厘米，外叶 12～16 片，叶色绿，叶片倒卵圆形，叶面蜡粉较少。叶球紧实、圆球形，叶质脆嫩，风味品质优良。从定植到商品成熟约 50 天，单球重 0.8～1 千克，每 667 米^{2}产量 3 300～3 800 千克，比同类品种中甘 11 号增产 10%。冬性较强，正常条件下不易未熟抽薹，抗干烧心病。适于我国华北、东北及西北地区春季露地或小拱棚种植，播种期不宜过早，华北地区一般于 1 月中下旬利用设施育苗。

5. 迎春　辽宁省大连市农业科学研究所选育，全国各地均有栽培。叶色深绿，中柱较低，外叶较少，叶脉较细，结球性强，叶球坚实、圆球形，球叶肥嫩，品质优良。每 667 米^{2}栽 5 000～6 000 株，产量 2 000～3 000 千克。从定植到收获上市大约需 50 天，耐寒性较强，适于早春露地栽培。

6. 润春　湖北省武汉市蔬菜科学研究所选育的露地春甘蓝品种。品种具有冬性强、蜡粉少、叶球紧实、球形美观、品质好等特点，适合长江中下游地区栽培。该品种植株较直立，叶片、叶球均为黄绿色，叶球内部乳白色、尖桃形，肉质脆嫩，无异味及辣味。植株长势中等，开展度约 62 厘米，外叶 12 片左右。球高 20 厘米左右、横径 17 厘米左右，球形指数约 1.1，中心柱高约 6.8 厘米，中心柱长占球高的 33%，单球重 1 千克左右，每 667 米^{2}产量 3 500～4 000 千克。长江流域最佳播种期为 10 月 10～15 日，避免过早播种，苗龄 40 天左右，11 月中下旬定植，翌年 4 月 20 日前后收获上市。

7. 春禧 湖北省武汉亚非种业有限公司从日本引进的早中熟，适合春、秋两季种植的甘蓝品种。该品种具有球形整齐一致、商品性佳、不易裂球、耐贮运、适应性广等特点，为加工和鲜食两用型，适合高山蔬菜基地和鲜菜出口基地种植。中早熟，根系发达，无论沙土还是黏重土壤均可栽培。植株开展度约 58 厘米，株高约 20 厘米，叶色深绿，叶面有蜡粉。叶球中心柱高约 8 厘米，横径约 21 厘米、纵径约 15 厘米，单球重 2 千克左右。叶球扁圆形，球色较绿，球底部着色好，绿色层数多，内叶淡黄色，品质好。抗病性较强，耐黑腐病，定植到采收 60～65 天。

8. 双禧 湖北省武汉亚非种苗有限公司从日本引进的早中熟春甘蓝品种，加工和鲜食两用型，适宜高山蔬菜基地和鲜菜出口基地种植。植株开展度约 70 厘米，株高约 28 厘米，叶片深绿色、有蜡粉。叶球中心柱高约 9 厘米，叶球横径约 16 厘米、纵径约 13 厘米，单球重 2～2.5 千克。球色浓绿，球底部着色好，绿色层数多，球内淡黄色，品质好。叶球扁圆形，结球紧，不裂球，收获期长，耐贮运。抗黄萎病，耐黑腐病。定植到采收需 60～65 天，每 667 米^{2}产量 2 500～3 000 千克。

9. 绿球 66 杂交一代早熟品种，适宜春季栽培，从定植到收获需 58～60 天。株高约 31.8 厘米，开展度约 46.6 厘米，外叶 13 片。叶球圆球形、绿色，中心柱长约 5.8 厘米，单球重约 1.3 千克，叶球紧实度 0.62，球内叶浅绿色，绿叶层多，质地脆甜，晚收耐裂球。抗病毒病、黑腐病和干烧心病。冬性较强，耐未熟抽薹，每 667 米^{2}产量 4 600～4 800 千克。

10. 惠丰 6 号 山西省农业科学院蔬菜研究所选育。早熟春甘蓝杂交一代种，从定植到商品成熟约 63 天。植株生长势较强，外叶深绿色，蜡粉中等，结球紧实，叶球近圆球形，品质佳。单球重约 1.26 千克，每 667 米^{2}产量 5 000 千克左右。品种抗病性和冬性均较强，适合华北地区及陕西、青海、云南等地春季早熟种植。

11. 豫生 1 号　河南省农业科学院选育。早熟春甘蓝品种。叶质脆嫩，味略甜，口感好，品质好。该品种表现早熟、耐裂球，抗先期抽薹，抗病毒病、霜霉病和软腐病。每 667 米^{2}产量 3 000～3 700 千克。

12. 春甘 11 号　京研益农种业科技有限公司和北京市农林科学院蔬菜研究中心选育。早熟春甘蓝品种，从定植到收获约 63 天。植株开展度约 48 厘米，生长势较强，叶色深绿，蜡粉中等。叶球圆球形，球色绿，结球紧实，叶球紧实度 0.67，中心柱长占球高的 0.52，单球重约 1.39 千克，田间表现耐裂球，每 667 米^{2}产量 5 200 千克左右。

13. 三季绿　河北省邢台市双龙种苗公司从香港引进的品种。植株开展度 55～60 厘米，外叶青绿色，球叶墨绿色，表面光滑，蜡粉少，叶球扁圆形略鼓，单球重 1.3～1.8 千克，中心柱高 5～7 厘米，叶球横径约 18 厘米、纵径约 13.5 厘米，叶球内部层次好。品种抗病、耐热、耐寒性好，商品性及品质俱佳，生育期 50～55 天。

（二）夏甘蓝品种

1. 铁球 3 号　河北省邢台双龙种苗公司从韩国引进的系列杂交一代品种，具有适应性广、耐暑性强、抗病、耐贮运等特性。植株生长势强、直立，开展度 58～60 厘米，外叶 12～14 片，叶片深绿色，叶片厚，蜡粉中等。叶球圆球形，横径约 16 厘米，纵径约 16.6 厘米，中心柱高约 8.1 厘米，结球紧实，不易裂球，单球重 1.4～1.6 千克，球形美观，商品性好，品质佳。

生育期 60 天左右，抗逆性强，在华北、西北、东北等地栽培反映良好，是适合夏秋栽培的中熟品种。

2. 喜园 江苏省中江种业股份有限公司培育。生长势强，生长期 70～75 天，中熟。开展度 60～65 厘米，外叶 14～16 片，叶片深绿色，蜡粉重。叶球扁圆形，球高约 13 厘米，横径 22～25 厘米，叶球白绿色，结球紧实，球叶脆，口感好，单球重 3～4 千克，每 667 米² 产量 5 000 千克以上。品种耐热、抗病性强，耐黑腐病、霜霉病，抗病毒病，适合夏秋季栽培。

3. 东方秋实 中泰合资东方正大种子有限公司从泰国引进的品种。具有抗病性强、商品性好、耐热和耐湿性强、结球紧实等优点。叶色深绿，蜡粉适中。叶球扁圆形，横径约 18 厘米、纵径约 13 厘米，结球紧实，味甜质脆，耐贮运。抗逆性强，早熟，定植后约 60 天可采收，适合夏秋季保护地栽培。单球重约 1.5 千克，每 667 米² 产量 2 800～3 200 千克。

4. 夏光 上海市农业科学院园艺研究所育成的杂交一代种。耐热，适于夏季栽培，生育期 100 天左右。外叶较少，开展度 40～50 厘米，叶球圆球形，每 667 米² 栽植 4 000 株左右，产量 2 500～3 000 千克。

5. 夏强 由韩国引进的夏甘蓝品种。植株生长势强，开展度约 60 厘米，外叶 12～14 片，叶深绿色，叶面蜡粉中等。叶球圆球形、横径约 14 厘米，球高约 13 厘米，单球重 0.75～1 千克。耐热、抗病性强，适宜高山夏季栽培。

6. 世龙之夏 从韩国引进的甘蓝品种。具有较强的抗病性、耐暑性，品质好。植株生长势中等，开展度 60～65 厘米，外叶 12～15 片，叶片油绿色、有光泽、蜡粉少，叶缘波状。叶球横径约 20 厘米、纵径约 14.5 厘米、中心柱高约 6.5 厘米，叶球扁圆形，结球紧实，单球重 1.6～2 千克，适合加工出口和长途运输。植株抗逆性强，土壤湿度大时根部仍能正常吸收肥料，不影响生长，32～35℃时仍可正常生长和结球。从定植到收获 60 天左右，我国大部分地区均可在夏季或春秋季栽培。

7. 早夏 16　上海农业科学院园艺所培育的耐热、早熟杂交一代甘蓝。植株直立，开展度 48 厘米左右，叶球扁圆形，叶片深绿色，叶面蜡粉重，外叶少，中心柱短，整体品质较好，球高 12～15 厘米，单球重 0.6～1.25 千克。耐热性强，适合夏秋季栽培。上海地区一般 2 月下旬至 8 月初播种，用作夏甘蓝栽培可在 5 月上中旬播种，定植到采收 55～60 天，每 667 米^{2}产量 2 000～3 000 千克。

8. 日本夏星　从日本引进的耐热甘蓝品种。适宜夏秋栽培，综合性状良好。该品种夏栽早熟，极耐热，耐湿、耐干性强，高温下也能正常生长结球，栽培容易。叶球整齐一致，球形介于圆球形与扁平形之间，单球重约 1.5 千克。产量稳定，耐运输，商品性好，品质极佳。定植后 58 天左右收获，每 667 米^{2}播种量约 25 克。

9. 强夏　河北省邢台市双龙种苗有限公司选育。品种抗病耐热，品质好，具有广泛的适应性，在我国不同地区可进行春、夏、秋 3 季栽培。植株开展度约 45 厘米，外叶 9～10 片，株型紧凑，叶色灰绿，蜡粉中等，叶球扁圆形，单球重 1～1.5 千克，结球紧实，耐裂球，球形美观，质脆味甜，商品性好，可脱水加工出口，适合长途运输。在长江流域及以南地区的高山冷凉地区作夏甘蓝栽培，平坦地区作晚夏、早秋及秋冬栽培均可，2～9 月份播种，5～12 月份收获。在华南及沿海一带可作早秋、秋冬及冬春甘蓝栽培。生育期 55～60 天，抗黑腐病、霜霉病等。

10. 瑞甘 55　江苏省丘陵地区镇江农业科学研究所育成。属早熟结球夏秋甘蓝品种，适宜江苏等地夏秋季露地栽培。植株生长旺盛，耐热，抗逆性较强，株高约 29 厘米，开展度约 56 厘米，外叶 12～14 片，叶片鲜绿色、倒卵圆形。叶球圆球形、球色鲜绿，结球紧，较耐裂球，单球重约 1.3 千克，球高约 16.2 厘米、横径约 16.5 厘米。全生育期约 92 天。

11. 夏玉 耐热、早熟结球甘蓝杂交一代种，适合长江中下游地区种植。外叶灰绿色，蜡粉随气温升高而增厚，在烈日下呈银灰色，有金属光泽，叶缘多皱褶。高温季节栽培植株较小，叶球略呈气球形，单球重约 0.7 千克；春秋季栽培植株较大，叶球呈扁圆形，开展度约 50 厘米，球径约 22 厘米，球高约 13 厘米，单球重约 1.7 千克。耐热，夏季 35℃ 高温条件下能正常结球；耐旱，半月无雨、不浇水也能存活；早熟，在适宜环境条件下，栽后 56 天即可采收；不耐湿，夏季栽培要防渍；成球后能耐 −5℃ 的短期低温。每 667 米^2 产量夏季栽培 2 500 千克左右，秋季栽培 4 000 千克左右。

12. 豪艳 60 上海豪沃种子有限公司从日本引进的甘蓝品种。植株生长势强，叶色较深，蜡粉少，叶球高扁圆形，单球重 1.2～1.8 千克。耐贫瘠、耐高温、较耐干旱，病毒病、霜霉病及黑腐病发病率低。定植后 60 天可采收，每 667 米^2 产量 4 000 千克左右。结球紧实，商品性佳，生食、炒食口感均好。干物质含量高，是脱水加工和保鲜出口的首选品种。耐热性强，温度在 35℃ 及以上仍可正常结球。适合在华北、西北、东北等冷凉地区作晚春早夏栽培，3～5 月份陆续播种，6～8 月份分批上市。长江以北及华北、西北大部分地区可作夏甘蓝和秋甘蓝栽培，于 5～7 月份播种育苗，8～11 月份收获。在长江以南夏季冷凉地、高山地区及华南大部分地区可作晚夏早秋栽培。

13. 泰甘 由泰国引进的超耐热甘蓝品种，从定植到采收 60～65 天。耐热性强，抗病虫性强。叶球扁球形，单球重 2.5～3 千克，叶球口感爽脆，适宜鲜食及加工用。

14. 9G-04 江苏省农业科学院选育的早熟夏秋甘蓝品种。夏季定植到采收约 55 天，秋季定植到采收约 65 天。植株开展度 55 厘米左右，外叶约 13 片，叶片倒宽椭圆形，叶色翠绿，叶面蜡粉中等。叶球紧实、厚扁圆形，单球重约 1.2 千克。球叶叶脉细，球色嫩绿，商品性极佳，适合我国各地基地化生产。

15. 惠丰 3 号　山西省农业科学院蔬菜研究所选育的中早熟甘蓝品种。夏秋季栽培从定植到成熟 65～70 天，开展度 50～55 厘米，外叶数 11～14 片。叶球横径 18～20 厘米、高 13～14 厘米，叶球顶圆、紧实，品质好，耐贮运，单球重 1.3～1.5 千克。抗热性强，抗病毒病、霜霉病、黑腐病。每 667 米^{2}产量 5 000 千克左右。

16. 太阳　日本野崎公司选育的耐热甘蓝品种，适宜夏季和早秋栽植。植株生长势强，开展度 60～80 厘米，株高约 28 厘米，外叶 15 片左右，叶色翠绿，叶面蜡粉量中等，叶脉明显。叶球扁平，结球紧实，叶球横径 21～22 厘米、高 12～14 厘米，为保鲜加工出口的优良品种。

（三）秋甘蓝品种

1. 中甘 16 号　中国农业科学院蔬菜花卉研究所选育，早中熟秋甘蓝品种。从定植到收获约 80 天。植株开展度约 60 厘米，外叶 14～16 片，叶绿色，叶面蜡粉中等。叶球扁圆形，叶质脆嫩，中心柱长 6.5～8 厘米，单球重 1.5～2 千克，每 667 米^{2}产量 4 000～5 500 千克。抗病毒病和黑腐病，适于华北、东北、西北及西南部分地区早秋栽培。

2. 中甘 18 号　中国农业科学院蔬菜花卉研究所选育，中熟秋甘蓝品种。植株开展度约 56 厘米，外叶 12～14 片，叶片灰绿色，叶面蜡粉较多。叶球圆形、紧实，不易裂球，中心柱长 6 厘米左右，单球重 1～1.2 千克。适于华北、东北、西北地区秋季种植，长江流域晚秋或初冬季种植。

3. 秋甘 1 号　北京市农林科学院蔬菜研究中心选育，属中熟秋甘蓝品种，从定植到收获约 70 天。植株开展度约 74 厘米，外叶约 14 片，叶片灰绿色，叶面蜡粉多，叶缘有轻波纹、无缺刻。叶球绿色、紧实、扁球形，叶质脆嫩，不易裂球，叶球高约 14.6 厘米、横径约 23.6 厘米，中心柱长约 6.8 厘米，单球重约 1.5

千克。品种耐热性强，抗病毒病，中抗黑腐病。

4. 秋甘 2 号 北京市农林科学院蔬菜研究中心选育。中熟品种，从定植到收获 75 天左右。植株开展度约 65 厘米，外叶约 17 片，叶灰绿色。叶球紧实、扁圆形，单球重 3 千克左右，每 667 米² 产量 6 000 千克左右。植株耐热、耐病，适于秋季种植。

5. 秋甘 3 号 北京市农林科学院蔬菜研究中心选育。属中熟杂交一代品种。植株开展度约 65 厘米，外叶 15 片，叶色灰绿，叶球紧实、圆球形，不易裂球，单球重 1.5 千克左右。整齐度高，耐热，抗病性强，品质好。秋季栽培定植后 65～70 天收获，每 667 米² 产量达 4 000 千克以上。华北地区秋季栽培 6 月中旬至 7 月上旬播种，苗龄 30 天左右。

6. 苏甘 9 号 江苏省农业科学院蔬菜研究所选育。植株开展度约 60 厘米，外叶 12 片左右，叶色绿，蜡粉中等。叶脉圆球形，单球重 1.5 千克左右，结球紧，品质佳，较耐裂。抗病毒病、耐黑腐病。该品种适应性广，全国各地均可栽培。长江流域秋季 6～7 月份播种，苗龄 35 天定植，60 天采收，每 667 米² 产量 4 000 千克左右。

7. 苏甘 8 号 江苏省农业科学院蔬菜研究所育成的平头型春秋兼用甘蓝新品种。植株开展度 60～70 厘米，叶绿色，蜡粉中等，外叶 12～14 片。叶球扁圆形，单球重约 2 千克，每 667 米² 产量 4 000 千克以上。具有冬性强、耐寒性强、耐高温能力强、抗病性强、品质好等特点。全生育期春季 210 天左右，夏秋季 110 天左右，适宜我国长江流域及以南地区春、秋两季栽培，露地越冬栽培播种期为 10 月 8 日前后。

8. 苏晨 1 号 江苏省农业科学院蔬菜研究所选育。夏秋甘蓝一代杂种，具有早熟、丰产、优质等特点。开展度 60～70 厘米，外叶较少，叶色绿，蜡粉中等，叶缘呈波浪形。叶球扁圆形，结球紧实，单球重 1.5～2 千克，每 667 米² 产量 3 000～4 000 千克。一般 5 月下旬至 7 月上旬播种，苗龄 35 天定植，65

天左右采收。长江中下游及以南地区以 6 月下旬播种、国庆节前后上市的产值最高。

9. 晚丰 中国农业科学院蔬菜花卉研究所选育。适于陕西、山西、山东、江苏、北京、天津、内蒙古等地及地理气候相近的地区种植。植株较大，生长势强，开展度 65～75 厘米，外叶较大、深绿色，蜡粉多，中肋绿白色。莲座叶 15～17 片，叶球扁圆形，中心柱高 9.8 厘米左右，单球重约 2.5 千克，结球较松。抗病，但对黑腐病抗性中等，耐热、耐贮运，耐寒性中等，耐旱涝，不耐瘠，对季节适应性差，只适于秋季栽培，每 667 米^{2}用种量 50 克，从定植到商品成熟 100～110 天，每 667 米^{2}产量 5 000～7 000 千克。可在我国华北、东北、西北、华中等地区种植，适宜华北地区秋季露地种植。一般 6 月中旬播种，7 月中旬定植，10 月底收获。

10. 秋丰 中国农业科学院蔬菜花卉研究所和北京市农林科学院蔬菜研究中心选育的中熟秋甘蓝一代杂种。该品种植株开展度 60～70 厘米，外叶 15～17 片，叶色灰绿，蜡粉较多。叶球商品成熟需 90～100 天，每 667 米^{2}产量 4 000～5 000 千克。适合秋季种植，每 667 米^{2}用种量 50 克左右，可在我国华北、东北、西北、华中等地种植。

11. 中甘 8 号 中国农业科学院蔬菜花卉研究所选育的早熟秋甘蓝一代杂种。植株开展度 60～70 厘米，外叶 16～18 片，叶色灰绿，蜡粉较多。叶球紧实、扁圆形，单球重 2 千克左右。抗芜菁花叶病毒，耐热性较好。从定植到商品成熟 60～70 天，每 667 米^{2}产量 4 000 千克左右，可在我国华北、西北、华中、中南、西南等地种植。

12. 达光 四川种都种业有限公司选育。早熟秋甘蓝一代杂种。植株生长势强，开展度 49～52 厘米，外叶 12～14 片，叶色灰绿，叶面蜡粉多，叶球扁圆形，球高约 11.3 厘米、横径约19.8 厘米，中心柱长约 5.9 厘米，单球重约 1.5 千克。叶质脆嫩，味微甜，耐裂球，抗芜菁花叶病毒病和黑腐病。定植到收获 72 天左右，每 667 米 ^{2} 产量 4 500 千克左右，适宜华北、华中及西南等地秋季露地种植。

13. 秋蕴 江苏省农业科学院蔬菜研究所育成，属中熟秋甘蓝品种。植株生长势强，开展度约 57.8 厘米，外叶约 12.6 片。叶球扁圆形，球色鲜绿，球形规整，单球重约 1.34 千克。叶球紧、抗裂，中心柱长约 6.8 厘米。植株耐热性强，田间表现抗病毒病和黑腐病。成熟期 65～76 天，每 667 米 ^{2} 产量 5 000 千克左右。

14. 秋锦 山西省农业科学院蔬菜研究所选育。适宜华北地区春、秋两季栽培，属中熟品种，定植到收获约需 70 天。叶球大小适中，单球净重约 1.5 千克，外叶少，净菜率高达 70%。秋季栽培幼苗耐高温，越夏容易。春季栽培株行距 43 厘米 × 47 厘米，每 667 米 ^{2} 产量 5 000 千克以上；秋季栽培株行距 40 厘米 × 40 厘米，每 667 米 ^{2} 产量约 4 500 千克。

15. 惠丰 1 号 山西省农业科学院蔬菜研究所选育。属中熟品种，春播生育期 80～85 天。植株开展度 65～75 厘米，外叶 11～14 片，球嫩绿色，风味品质佳，单球重 3～4 千克，每 667 米 ^{2} 产量 7 500 千克左右。秋播生育期 75～80 天，开展度 55～65 厘米，单球重 2 千克左右，每 667 米 ^{2} 产量 5 000 千克左右。植株冬性强，耐热性强，抗霜毒病和病毒病，适于全国大部分地区春、秋两季栽培。

16. 秋德 从日本引进的秋冬型甘蓝优质杂交一代品种。具有抗病、高产、优质等特点，每 667 米 ^{2} 产量 4 500 千克左右。植株开展度约 50 厘米，叶球横径 20～26 厘米、纵径 12～15 厘米，叶色深绿，蜡粉中等，外叶较少。结球紧实，整齐度高，单球重 1.5 千克左右。适应性广，易栽培，全生育期约 125 天。该品种耐湿性好，抗病性强，抗霜霉病，对病毒病也有较强抗性。叶球扁圆形，整齐度好，口感好，品质佳，适宜生食、炒食、腌渍与凉拌。

17. 京丰 1 号　中国农业科学院蔬菜花卉研究所育成的一代杂交种。植株抗病性强，栽培适应范围广，株高约 40 厘米，生长健壮，开展度 70～80 厘米，莲座叶 12～14 片，叶片绿色，蜡粉中等。叶球扁圆形、浅绿色，中心柱高 7～9 厘米。每 667 米^{2}栽植 2 300 株左右，定植后 80～90 天收获，每 667 米^{2}产量 4 000～5 000 千克。

18. 宝盛　日本崎宝种苗株式会社生产的杂交一代甘蓝品种。早熟，结球紧实，高产优质，抗逆性强，耐寒性好，适合春秋季栽培。该品种植株开展度约 60 厘米，外叶约 10 片，叶色深绿，蜡粉较浓。叶球高扁球形，叶球横径约 22 厘米、纵径约 14 厘米，中心柱长约 6 厘米、宽约 4 厘米，球色青绿且富有光泽，单球重 1.5～2 千克。植株成球速度快且结球紧实，不易裂球，在延迟采收的情况下，叶球不易裂开，采收期弹性大，每 667 米^{2}产量 5 000 千克左右。

（四）越冬甘蓝品种

1. 晋甘蓝 4 号　山西农业大学选育的早中熟甘蓝一代杂种。具有耐热、耐旱、耐低温，高抗黑腐病等特点，每 667 米^{2}产量高达 6 000 千克以上。产品器官具有纤维少、品质好、耐裂球、含糖量高、品质性状好等特点，适于华北、东北和西北等地大部分季节栽培，也可作长江流域越冬栽培品种。

2. FS 魁首　欧洲类型中熟品种。叶色深绿，叶球圆形、叠抱，叶片厚，抗虫性好，生长速度快，抗裂球能力强。单球重 1.5～2 千克，适宜鲜食及加工用。适于黄淮流域、长江流域露地越冬栽培。

3. 春丰　江苏省农业科学院蔬菜研究所选育的极早熟春甘蓝一代杂种，具有早熟、品质好、露地越冬不抽薹等特点。植株开展度约 58.7 厘米，株高约 28 厘米，叶色绿，蜡粉较少，叶缘微外翻，叶微皱，叶脉稀。叶球桃形，肉质脆嫩，味甘甜，单球重 1 千克左右，每 667 米^{2}产量 3 000 千克左右。露地越冬栽培全生育期 180 天左右，适合我国南方地区露地越冬栽培，适宜播种期 9 月底 10 月初，翌年 4 月中下旬即可供应市场。

4. 春冠　江苏省农业科学院蔬菜研究所选育的早熟一代杂交种，具有耐寒、冬性强（露地越冬不易先期抽薹）、早熟、外观好、肉质脆嫩、品质佳等特点。植株开展度约 60 厘米，株高约 25 厘米，叶色翠绿，蜡粉中等，叶缘微翻，外叶约 12 片。叶球桃形，叶球紧实度 0.61，中心柱长约 7.2 厘米，单球重 1.5 千克左右，每 667 米^{2}产量约 3 500 千克，适合南方地区特别是长江流域越冬栽培。

5. 苏甘 17　江苏省农业科学院蔬菜研究所选育的早熟春甘蓝品种。该品种冬性强，抗寒性好，不易未熟抽薹，越冬栽培成熟期约 145 天。植株生长势较强，叶色浅绿，蜡粉少，叶球牛心形，整齐度好，叶球肉质脆嫩。适合在我国南方地区特别是长江流域越冬栽培。

6. 春甘 2 号　江苏省镇江市农科所选育的甘蓝品种。该品种植株生长旺盛，株高约 32 厘米，开展度约 57 厘米，叶色灰绿，叶面蜡粉中等。叶球近圆形，单球重约 1.2 千克，结球紧实，球高约 16.2 厘米、横径约 18.7 厘米，中心柱长约 6.5 厘米、宽约 2.8 厘米，口感脆甜，商品性好。抗病毒病和黑腐病，耐寒性强，遇短期 −8℃低温不会发生冻害，不易先期抽薹。适宜长江流域及其以南地区作露地越冬春甘蓝栽培，一般在 10 月上旬播种，翌年 4 月中下旬至 5 月份采收。

7. 西园春二号　重庆三千种业有限公司选育的春甘蓝品种，可作早秋、越冬春甘蓝种植。春季栽培表现为产量高、商品性好等优势，秋季栽培表现为早熟、产量稳定、品质好。植株开展度 70～80 厘米，外叶 12～14 片，成叶长约 37 厘米、宽约 40 厘米，叶面深绿色，背面灰绿色，蜡粉中等。叶球扁圆形，球高约 14

厘米，球内中心柱高约6厘米。生长整齐一致，杂交优势比较明显，抗病性、适应性强。春季收获单球重3千克左右，每667米^{2}产量4 000～6 000千克；秋季收获单球重1～2千克，每667米^{2}产量2 500～3 000千克。

8. 四月帅　武汉亚非种业公司引进的春甘蓝品种。越冬栽培，株高约26厘米，开展度约63.7厘米。叶球横径约20.5厘米、纵径约13厘米，叶球中心柱高约7厘米，单球重约1.7千克。叶球扁圆形，结球紧实，球叶浅绿色，光泽度好。外叶深绿色、长约30厘米、宽约32厘米，外叶约15片。适合长江中下游地区栽培。

9. 寒春　南京市蔬菜科学研究所选育。中晚熟一代杂交品种，适合长江中下游地区种植。株型紧凑，开展度约47.8厘米，外叶厚、墨绿色、蜡粉中等。叶球平头形，球高约10.8厘米、横径约16.5厘米，单球重1～1.5千克，每667米^{2}产量4 000～5 000千克。不易裂球，耐寒性强，适合作秋季或越冬栽培。

10. 苏甘17　江苏省农业科学院蔬菜研究所选育的早熟春甘蓝品种。植株生长势较强，叶色浅绿，蜡粉少。叶球牛心形，整齐度好，叶球肉质脆嫩。该品种冬性强，抗寒性好，不易未熟抽薹，越冬栽培成熟期约145天，适合在我国南方地区特别是长江流域栽培。

11. 圆春　河南省郑州市蔬菜研究所育成。株高约30厘米，开展度约60厘米。叶绿色，外叶8～10片，叶球圆形，紧实致密，球内中心柱短，叶质脆嫩，味稍甜，商品性好，耐裂性强，球形美观，单球重1.5千克左右。抗病性强，主要抗霜霉病、病毒病，耐黑腐病。该品种早熟，耐寒性、耐抽薹性强，露地越冬短期−12℃左右低温不发生冻害。越冬栽培从定植到收获159～168天，作秋甘蓝种植从定植到收获约55天，每667米^{2}产量5 000千克左右。

（五）特色甘蓝品种

1. 羽衣甘蓝品种

（1）**温特博** 从荷兰引进，早熟。株高中等，生长旺盛，叶深绿色，叶缘卷曲成皱褶。耐霜冻能力极强，在长江流域可于秋冬季露地栽培，冬春季收获。

（2）**科仑内** 从荷兰引进，早熟。植株中等高，生长迅速而整齐，播种后约 50 天即可采收。耐寒力强，耐热，耐肥水。一般于 3 月中旬播种，可陆续采收至 9 月下旬，优质高产。可采用机械化一次性采收。

（3）**维塔萨** 从德国引进，观赏兼食用品种。株高 40～50 厘米，叶色翠绿，叶柄长，叶缘卷曲皱褶，叶片生长速度快，植株耐寒、抗病性强。叶质脆嫩，品质佳，每株可陆续采收 20～30 片叶，采收期达 6 个月以上，每 667 米^2 产量 2 000 千克以上。适合于春秋露地、保护地及冬季日光温室种植，从 7 月中旬至翌年 4 月份均可播种，每 667 米^2 用种量约 50 克，定植株行距 30 厘米×50 厘米。亦可定植在花盆之中，供观赏用。

（4）**阿培达** 从荷兰引进的杂交一代良种。株高 50～60 厘米，叶蓝绿色，卷曲度大，外观丰满整齐，品质细嫩，风味好。抗逆性很强，可作春秋露地栽培，也可用于冬季保护地栽培。

（5）**京羽一号** 从美国引进，观赏兼食用甘蓝品种。植株矮生，株高 60～80 厘米，节间短，生长旺盛，叶深绿色，具蜡粉，叶面皱缩中等，新叶皱缩甚于老叶。叶质脆嫩，营养含量高，口感好，风味浓。耐寒、耐抽薹。

（6）**沃斯特** 从美国引进，适于鲜销和加工。抗逆性强，植株中等高，生长旺盛，叶深绿色，无蜡粉，嫩叶边缘卷曲成皱褶，密集成小花球状。耐寒、耐热、耐肥、耐贮存，抽薹晚，采收期长，品质差。可作春秋露地栽培，也可在冬季于冷室或阳畦栽培。从播种至开始采收约需 55 天。

（7）**东方嫩绿**　从荷兰引进。植株高度中等，叶深绿色，无蜡粉，嫩叶边缘卷曲成皱褶，叶嫩绿色，品质极佳，耐寒、耐热、耐肥、耐贮存，晚抽薹，采收期长，可春秋露地栽培，也可温室或阳畦栽培。从播种至始收约 50 天。

（8）**穆斯博**　从荷兰引进。植株高度中等，生长繁茂，叶片绿色，羽状细裂，叶缘卷曲度大，外观美，很少发生黄叶现象。耐寒性、耐热性均较强，适于秋冬季栽培。

2. 抱子甘蓝

（1）**早生子持**　从日本引进的一代杂种。极早熟，从定植到收获约 90 天。植株生长较旺盛，节间较短，叶片绿色，少蜡粉。该品种在高温和低温条件下均能良好结球，顶芽也能形成叶球，较耐高温，在 25℃ 以下形成叶球。小叶球圆球形，横径 2～2.5 厘米，叶球绿色，整齐而紧实，单株结球较多，品质优良。

（2）**卡普斯也**　从丹麦引进的早熟种，从定植至初收约 90 天。矮生型，株高约 40 厘米，叶片绿色、不向上卷，腋芽密，叶球圆球形、中等大小、绿色，叶质细嫩，品质好。单株芽球有 60 多个小叶球，可分 2～3 次采收。

（3）**王子**　从美国引进的杂种一代，早熟，从定植至收获约 96 天。植株为高生型，株型紧凑，小叶球多而整齐。该品种不耐高温，在高温的夏季小叶球易松散。叶球品质好，既可鲜销，也可速冻。

（4）**辉煌**　从荷兰引进的中早熟品种，定植后生育期约 130 天，适合早熟鲜销市场。株高 70～100 厘米，单株产量 1.5～2 千克。生长强势，属于中型植株品种，具有很高的产量潜力，适合基地规模化种植。苗期抗性强，抗白粉病，适宜南方秋冬季露地及北方秋冬季保护地栽培，苗龄 30 天，每 667 米^2 用种量 10～20 克。

（5）**抱甘一号**　北京市农林科学院蔬菜研究中心选育的早熟抱子甘蓝杂交一代品种，定植后约 120 天收获。株型直立，叶色浓绿，抗病性强，小叶球 10～15 克。叶球纤维少，甘味多，品质优，整齐度高。耐热性强，抗病毒病，长势旺盛，结球性好。定植后约 90 天开始收获，芽球整齐、紧实，单株结球 40～80 个，每 667 米² 产量 500～2 000 千克。

（6）**光辉** 由荷兰引进的杂交一代种，定植后 120 天左右进入采收期，可持续采收 2～3 个月。株高 80～100 厘米，开展度 80 厘米左右，植株直立性好，不易倒伏。小芽球圆球形、较光滑，耐裂性好，着生较密，口感较好，具有很高的观赏性及食用性。适合大面积种植，进行出口加工以及园艺观光及盆栽。一般长江流域露地最适播种期为 7 月中旬左右，设施栽培可提前或延后，苗期 25 天左右，一般每 667 米² 栽植 1 500～1 800 株。

（7）**绿橄榄** 荷兰诺华公司培育。抗病性强，耐寒性好，叶球横径 2.5 厘米左右，每株结球 40～50 个。叶质柔软，纤维少，口感好。长江流域露地种植，一般在 12 月份至翌年 1 月份收获。

（8）**科仑内** 从荷兰引进，中熟品种。植株中等高，叶灰绿色。芽球光滑，整齐。露地春栽于 2 月上旬保护地育苗，3 月中旬定植，6 月下旬采收，育苗栽培定植 130 天后采收。

（9）**绿宝** 江苏省农业科学院蔬菜研究所育成。早熟，从定植到收获约 90 天。植株直立，株高约 60 厘米，开展度约 65 厘米，外叶翠绿、平展，蜡粉中等。芽球圆整，结球紧实、整齐，单株结球 70 个以上，单球重 10～15 克。心叶黄，质地脆嫩。耐低温性好，在低温条件下结球好，球形整齐且抽薹晚，采收期长，可延迟采收。

（10）**翠宝** 江苏省农业科学院蔬菜研究所育成，中熟，从定植到收获约 110 天。株型直立，株高约 100 厘米，开展度约 55 厘米，外叶绿色，蜡粉中等。芽球圆整、椭圆形，结球紧实、整齐，单株结球 80 个以上，单球重 10 克左右，心叶黄，质地脆嫩。耐低温性好，抽薹晚，采收期长，可延迟采收。可鲜销或速冻。

（11）**摇篮者**　从荷兰引进的杂种一代。中熟，定植后约110天收获。植株高生型，生长势强，叶色灰绿，芽球圆球形、紧实、绿色，品质优良，单株可收获芽球约100个，成熟期一致，适于机械化一次性采收。

（12）**湘优绿宝石**　隆平高科湘研蔬菜种苗分公司育成的一代杂交种，从定植至始收约90天。植株长势中等，株高约60厘米，开展度约50厘米。芽球紧实，质地细嫩，球横径约3.2厘米、纵径约4.2厘米，单珠有芽球50个左右，单个鲜芽球重约14克，株产量约500克，每667米^{2}产量1000千克左右。耐寒，抗病性好。

3. 紫甘蓝

（1）**超紫**　日本杂交紫甘蓝品种。叶球圆球形，单球重1.2～1.5千克，定植后70天可以收获。叶深紫色，整齐一致，易于管理。裂球晚，耐贮运，适合加工及各种料理。春、秋两季种植表现均好。

（2）**早红**　从荷兰引进的早熟紫甘蓝品种。其植株中等大小，生长势较强，开展度约60厘米，外叶16～18片，叶紫色、有蜡粉。叶球卵圆形，基部较小，叶球紧实，单球重0.75～1千克，每667米^{2}产量2500千克左右，从定植到收获65～70天。适宜于春、秋两季保护地及露地栽培，株行距为50厘米×50厘米。

（3）**红亩**　美国引进的中熟品种。植株较大，生长势较强，开展度60厘米×70厘米，叶深紫红色，包球紧实，叶球近圆球形，单球重1.5～2千克，每667米^{2}产量3000～3500千克。耐贮性好，抗病性强。从定植到收获约80天，适宜春秋露地及保护地种植。

（4）**紫甘1号**　北京市农林科学院蔬菜研究中心选育的中早熟品种。株型较大，生长势较强，开展度65～70厘米，外叶18～20片，叶紫红色，被覆蜡粉较多。叶球紫红色、圆球形，中心柱较粗，单球重 2～3 千克，每 667 米^2 产量 3 000～3 500 千克。耐热性、抗病性强，其耐贮性及抗病性较强。从定植到收获需 80～90 天，适宜春保护地和露地种植，也可用于春季露地种植。

（5）**紫甘 3 号**　北京市农林科学院蔬菜研究中心选育的中晚熟品种。株型直立，开展度约 62 厘米，外叶约 14 片、紫色，叶面蜡粉多，叶缘无缺刻。叶球深紫色、紧实、圆球形，球高约 16.4 厘米，球横径约 14.8 厘米，中心柱长约 6.1 厘米，单球重 1.5～2 千克，质地脆嫩，味甘甜，不易裂球。属中晚熟品种，从定植到收获 90 天左右，每 667 米^2 产量 4 400 千克左右，适于全国各地春秋季种植。

（6）**紫宝石**　荷兰进口紫甘蓝品种，抗热性极佳。球体鲜浓赤紫色，美观靓丽，结球圆而紧实，不易裂球，单球重 1.5～2 千克。极耐运输，适宜大型基地生产鲜菜出口及加工提炼色素用。适宜春、夏（高冷地）、秋三季播种，苗期 25～30 天，定植后 70 天左右可收获，每 667 米^2 产量 3 500～4 000 千克。

（7）**紫萱**　上海种都种业科技有限公司选育的中熟紫甘蓝新品种，秋季定植到收获 70～85 天。植株生长势强，株型直立，外叶 12～14 片，开展度约 50 厘米，叶面蜡粉重。叶球圆球形，球高约 15.5 厘米，球横径约 15 厘米，中心柱长约 6 厘米，外叶淡紫色，内叶紫红色，单球重 1.8～2 千克，叶球紧实，耐裂球，耐贮运。

（8）**喜庆**　福建省农业科学院生物资源研究所引进的国外优良甘蓝品种。株型半直立，开展度约 60 厘米。叶球扁圆球形，叶片紫色，叶脉红色，结球紧实，单球重 1.2～1.5 千克，口感脆嫩，品质优良，适于鲜菜市场及加工提炼色素用。较耐热、耐湿，抗病性好。早中熟品种，从定植到采收 75 天左右，每 667 米^2 产量 2 500～3 500 千克。适宜作秋甘蓝栽培。

（9）**紫珠**　荷兰进口早熟紫甘蓝杂交一代品种。植株生长势强，开展度约60厘米，外叶16～18片，叶紫红色，叶球卵圆形，单球重1.5千克左右，每667米^{2}产量2000～3000千克。适宜春秋露地栽培和冷凉地区夏季栽培，每667米^{2}播种量50克左右，行距60厘米，株距45～50厘米，每667米^{2}定植2200株左右，从定植到收获65～70天。

（10）**紫宝鼎** 北京圣华德丰种子有限公司选育的紫色圆球形甘蓝品种。结球紧、深紫色、芯柱短，内部颜色均匀，口感脆嫩，株型紧凑，叶球规整，单球重1.5～2千克。田间保持期长，结球一致性好，不裂球，耐运输，抗病高产。中早熟，定植后80～85天成熟。

（11）**旭光** 台湾农友公司选育的早熟品种。外叶14～16片、紫绿色，叶缘稍有波状。叶球圆球形、紫红色，单球重1千克左右。结球紧实不易裂球，耐贮运，中心柱细，叶肉白色，配色优美。温度适应性较广，耐低温和高温能力较强，叶球形成的适宜温度为17～20℃。属早熟沙拉配式专用品种，定植后65天左右即可收获。

（12）**巨石红** 由美国引进的中熟紫甘蓝品种。植株高大，生长势强，开展度约70厘米，外叶20～22片，叶深紫红色。叶球圆形略扁、横径19～20厘米，单球重2～2.5千克，每667米^{2}产量3500～4000千克，耐贮性强。从定植到收获需85～90天，每667米^{2}定植2000～2200株，播种量为50克。主要适宜于春秋露地栽培。

（13）**奇石红** 由荷兰引进的紫甘蓝品种。植株生长势中等，开展度60～65厘米，外叶16～18片，叶紫色，有蜡粉。叶球卵圆形，基部较小，叶球紧实，单球重0.75～1千克，每667米^{2}产量2500千克左右。从定植到收获需65～70天，适宜于春秋保护地及露地栽培。

第四章
甘蓝高效栽培模式

一、春甘蓝栽培技术

春甘蓝适应性强，易栽培，上市早，对早春蔬菜供应具有重要作用。为争取早熟、高产，生产中应选取冬性和耐寒性强、结球早的品种，利用设施育苗，并结合地膜覆盖、拱棚覆盖等形式进行栽培，以保证产品器官提早上市，获得较高的经济效益。我国北方性能较好的日光温室冬季不加温也可进行喜温性果菜类蔬菜的生产。冬季气温较低地区，日光温室不加温不能进行果菜类蔬菜栽培，在这段低温期利用日光温室栽培喜冷凉的甘蓝，不仅可以提高温室的利用率，还能获得一定的收益。

随着反季节蔬菜栽培的迅速发展，春甘蓝栽培面积不断增加，但由于气候原因和栽培管理不当，易出现未熟抽薹、包心不实、病虫害严重等问题。因此，生产中要注意选择冬性强的春甘蓝品种，并严格控制播种期，育苗期遇到长期低温时要及时采取保温措施，防止幼苗通过春化而导致未熟抽薹，保证春甘蓝优质高产。

（一）栽培方式

1. 露地直播 露地直播春甘蓝栽培特点是前期温度较低，若播种过早，会导致植株通过春化阶段而不结球；后期环境温度升高，不利于甘蓝叶球形成。生产中需合理确定播种期，并适当进行地膜覆盖或加扣小拱棚，避免因低温春化而引起先期抽薹，同时保证幼苗前期营养生长旺盛，为产量形成奠定基础。

2. 育苗移栽 甘蓝属于绿体春化型蔬菜，春季甘蓝在露地栽培条件下，容易发生苗期通过低温春化阶段而出现先期抽薹，从而导致大面积减产甚至绝收。生产中一般采用设施育苗、露地定植的方式，实现提前播种、提前采收，并可降低用种成本，减少生产投入。育苗后可通过以下方式栽培。

（1）**露地栽培** 春季利用日光温室、阳畦等覆盖设施提前育苗，在露地最低气温稳定在12℃以上时定植；若品种冬性强，可提前至最低气温稳定在8℃以上时定植；若结合覆盖地膜或加扣小拱棚，可适当提前定植。

（2）**大棚栽培** 利用大棚栽培，比露地覆膜或小拱棚覆盖栽培可提早上市20～30天。不仅可以填补市场蔬菜淡季空白，而且栽培管理技术简单，病虫害少，易获得高产。

（3）**日光温室栽培** 采取日光温室栽培，甘蓝采收期比露地提前2个月左右，可满足早春市场对甘蓝的需求。日光温室栽培不仅缩短了甘蓝生长期，提高了设施和土地利用率，而且适宜的环境条件减少了病虫害发生，可提高产品器官品质，为增产增收提供了保证。

（二）栽培条件

甘蓝属于绿体春化型蔬菜，当植株茎达到相应的粗度，经过10℃以下的低温通过春化阶段，无论植株结球与否均可抽薹开花。春季栽培以早熟甘蓝为主，幼苗通过春化作用的营养体较小，定植时温度较低，尤其是采取露地栽培更易受低温影响，幼苗极易通过春化。在植株完成春化阶段后，长日照条件有利于植株抽薹，导致不能形成叶球。春季栽培定植过早易导致植株通过春化阶段；若定植过晚会遇到高温，不利于叶球形成，降低产量，同时病虫害发病严重，导致甘蓝减产或绝收。因此，春季栽培甘蓝，选择适宜品种、培育壮苗、合理确定定植期非常重要。利用设施栽培创造适宜甘蓝生长的有利条件，可不受外界低温影响提早定植，并避开病虫害高发期，易获得早熟优质的产品器官，提高经济效益。

1. 温度条件　春季栽培甘蓝，当幼苗茎粗达到 0.6 厘米以上时，感受一定时间 10℃以下的低温就可完成春化阶段。因此，栽培中多利用设施进行育苗移栽，播种后应创造种子萌发适宜的温度条件，可采用电热温床、小拱棚等方式保证温度，防止出现10℃以下低温。定植前期温度要保证在 12℃以上，随着甘蓝进入结球期，外界气温不断升高，应采取通风、浇水等措施降低设施内温度，保证叶球形成的适宜温度。

2. 光照条件　甘蓝幼苗期和莲座期要求光照充足，结球期较短日照时数和较弱光照强度有利于叶球形成并具有较高的产品品质。春季光照时数和光照强度逐渐增强，采取露地栽培时自然条件能够满足甘蓝生长对光照的需求；设施栽培时，覆盖材料对光照有一定影响，为保证甘蓝生长对光照条件的要求，应在保证设施内温度的前提下，提早和延后揭盖保温覆盖物，并定期清理棚膜，有条件的地方还可进行人工补光。

3. 水分条件　春季气候变化剧烈，露地栽培，生长前期低温且多出现涝渍，后期易出现干旱缺水，影响甘蓝正常生长。设施栽培，多出现高温高湿现象，导致病害的发生和流行；若控制浇水过度，因甘蓝叶面积大，植株蒸腾旺盛，容易出现土壤缺水而导致生长缓慢。因此，加强栽培管理，低温时控水增温，高温时增水降温，既要保证甘蓝对水分的需求，又要防止因积水、干旱或田间高湿造成病毒病、软腐病等病害的发生。

（三）栽培技术要点

1. 品种选择　露地春甘蓝栽培应选用适合本地区栽培的早

熟春甘蓝品种，要求品种冬性强、耐低温、早熟高产。北方地区多采用早熟品种，一般选用中甘 11、8398、中甘 15、迎春、润春等。

利用大棚栽培春甘蓝，由于大棚没有保温覆盖，春季棚内温度受天气变化条件影响较大，若栽培品种选择不当，极易出现未熟抽薹现象。生产中应选用抗寒性强、结球紧实、品质好、不易抽薹、适于密植的品种，如中甘 11、中甘 12、中甘 21、鲁甘 1号、8398 等。

利用日光温室栽培春甘蓝，为保证产品提早上市，获得更高的经济效益，应选择早熟品种；春甘蓝整个生长期处于低温期，应选用抗寒性强的品种；育苗期和植株定植初期气温较低，为避免甘蓝通过春化作用，应选择冬性较强的品种。因此，生产中多选用中甘 11 号、中甘 12 号、春甘 11 号、迎春等品种。

日光温室冬春茬甘蓝栽培，应选择耐寒性、抗病性强的早熟高产品种，生产中多选用春甘 2 号、春甘 3 号、中甘 21 等。

2. 播种育苗　露地春甘蓝栽培，直播的一般在 3～4 月份播种。育苗移栽，在东北、华北北部和西北等地一般 2 月份播种育苗，3 月下旬至 5 月初定植，6～7 月份采收；华北南部、山东济南等双主作地区 1 月份至 2 月初播种育苗，3 月份定植，5～6月份采收。大棚春甘蓝栽培，可在 2 月份播种育苗，3～4 月份定植，5～6 月份采收；日光温室早春茬栽培，可于 12 月上中旬播种育苗，翌年 1 月份定植，3 月份至 4 月中上旬采收；日光温室冬春茬栽培，可于 10～11 月份播种育苗，11 月下旬至翌年 1月份定植，2 月份至 3 月上中旬采收。

（1）常规育苗　一般采用温室或大棚育苗，我国北方部分低纬度地区可以利用塑料小拱棚育苗，夜间覆盖草苫保温。春季地温较低，可在苗床下铺设电热线，通过采取此项措施提高地温，以保证培育的甘蓝幼苗健壮、根系发达、抗逆性强，并可以大大缩短苗龄。育苗前先制作苗床，选用配制好的营养土，播种床土一般厚度为6～8厘米。播种苗床营养土配制比例为优质大田土4～5份、草炭及马粪等有机物5～6份，每立方米加入化肥0.5～1千克，还可加入50%多菌灵可湿性粉剂8～10克，以有效防止苗期病害的发生。播种前，先将苗床浇透水，待水渗下后，均匀撒播种子，然后覆土0.5厘米厚，再覆盖地膜。利用设施育苗时，若温度条件达不到甘蓝发芽的要求，可在苗床上加设小拱棚，夜间还可在小拱棚上加盖草苫保温。

播种后注意保持温度，早春育苗正处于低温季节，若温度达不到要求，夜间应加盖草苫保温。等大部分幼苗拱土时，及时撤掉薄膜，可再覆一层细土，以防止倒伏。低温季节育苗幼苗极易发生猝倒病，可在播种前用50%百菌清可湿性粉剂600倍液喷洒苗床，并尽量提高育苗期的温度，一旦发生病害要尽快分苗。

出苗前不进行通风，齐苗至第一片真叶展平阶段适当降低温度，防止幼苗徒长。第一片真叶展平后，最高温度掌握在18℃，夜间温度应不低于10℃。在幼苗具2片真叶时进行分苗，可采取营养钵分苗法或苗床分苗法。营养钵分苗法一般选择直径10厘米的营养钵，先在营养钵内装配制好的分苗营养土。分苗床土的配制比例为优质大田土5～7份、草炭及马粪等有机物3～4份、优质粪肥2～3份，每立方米加化肥1～1.5千克。营养钵浇透水，水渗下后把幼苗栽种到营养钵中心位置即可。分苗结束后，在营养钵土面上撒一层细干土，有很好的保墒作用，但要注意不要把土撒到叶面上，以免影响叶片光合作用。也可进行苗床分苗，将幼苗移栽到制作好的苗床上，因为温度较低，一般采取暗沟定植法进行分苗，分苗后保证幼苗株行距10厘米×10厘米。

分苗后为促进缓苗，一般不进行通风。缓苗后适当降低温度，白天温度一般控制在18～22℃，夜间温度不低于10℃。土壤保持见干见湿，浇水要在晴天上午进行，结合通风降温排湿，防止设施内湿度过大。定植前 1 周左右进行秧苗锻炼，一般采取适当降低室内温度、控制浇水方式。通过秧苗锻炼，可以提高植株对不良环境的抵抗能力，但要注意温度不能长时期低于 10℃，以免幼苗通过春化阶段，导致发生未熟抽薹现象。

（2）**穴盘育苗**　穴盘育苗可选用草炭与蛭石 2∶1 的比例配制，或采用育苗专用基质。甘蓝育苗一般选用 72 孔或 128 孔穴盘。将基质装入穴盘中，使每个孔穴中都平整填满基质，然后将装满基质的穴盘摞起，轻轻用力向下挤压，令穴中基质向下凹 0.5～0.8 厘米。然后浇水，浇水原则为基质下部有水渗出即可。每穴播 1 粒种子，播后覆盖 1 厘米厚的蛭石。播种后苗床温度保持 20～25℃，空气相对湿度保持 80% 以上。苗出齐后，白天温度保持 20～25℃，夜间温度保持 10～15℃，不得低于 5℃。发现缺苗及时补苗，保证每穴 1 株幼苗。穴盘育苗不适宜进行控水蹲苗，要保证幼苗的水分供应。72 孔穴盘甘蓝苗具 5～6 片真叶时定植，128 孔穴盘甘蓝苗具 3～4 片真叶时定植。

3. 整地定植　甘蓝对土壤的适应性较强，适宜土壤 pH 值 5.5～6.5。栽培时应尽量选择保肥、保水好的肥沃壤土条件。甘蓝喜肥、耐肥，在施肥时应遵循以下原则：基肥为主，重视追肥，施足氮肥的基础上配合磷、钾肥，尤其注重甘蓝结球期磷、钾肥的施用。选择疏松肥沃、能排能灌的微酸性或中性土壤进行栽培，结合整地施基肥，每 667 米^2 普施充分腐熟有机肥 3 000～5 000 千克，深翻土地，做平畦或垄。

露地春甘蓝栽培，定植前 1 周在栽培垄或畦上覆盖地膜，可以提高地温，并具有较好的保墒效果。定植株行距 30 厘米 × 50 厘米，定植时在垄或畦下挖栽培沟，每 667 米^2 施三元复合肥 20～35 千克、过磷酸钙 15 千克。因春季温度较低，定植宜采取暗水定植法。露地春甘蓝栽培一定要确定适宜的定植期，不能过早定植，否则极易发生未熟抽薹现象。

大棚春甘蓝栽培，定植前 15 天扣棚以提高地温，棚膜一定要选择透光保温性能好、强度大、耐老化的优质薄膜。大棚内做宽1～1.5米的平畦，或按行距50厘米起垄。当10厘米地温稳定在8℃以上时定植，若要提早定植，可在栽培畦上覆盖地膜或是加盖小拱棚。选择晴天上午定植，移苗时要带大土块，尽量少伤根系。按照行距刨埯、摆苗、稳坨、浇水，水渗下后覆土。浇水前株间点施化肥，一般每667米^{2}施三元复合肥30千克、钙肥15千克。此季节栽培甘蓝，由于气温较低，不适合开沟栽培，浇水量也不宜过大，以防降低地温，不利于幼苗根系发育，延长缓苗期。畦栽采取双行定植，株行距35～40厘米×50厘米；垄栽株距为35～40厘米。

日光温室早春茬甘蓝栽培，定植前做小高畦，畦宽1～1.2米，作业道宽30厘米。每畦中间开施肥沟，每667米^{2}施三元复合肥30千克、过磷酸钙20千克、硫酸钾10千克。甘蓝幼苗12月底至翌年1月份定植，每畦定植2行，行距50～60厘米，株距30～35厘米。

日光温室冬春茬甘蓝栽培，做高畦，畦宽1米，畦高15～25厘米。施肥量与施肥方法参考日光温室早春茬栽培。定植前覆盖地膜。选择晴天上午定植，每畦定植2行，行距50厘米，株距35～40厘米。为提高地温，促进缓苗，采取暗水定植法。定植时先用打孔器按株距在覆盖地膜的栽培畦上打孔，将起好的苗摆到定植孔内，注意尽量不散坨、不伤根。在根部培适量土稳苗，然后浇水，水渗下后覆土。操作时一定要注意覆土厚度、不能掩盖住幼苗的生长点，还要注意用土将定植孔周围的地膜封严，以保证地膜的增温保墒作用。

4. 田间管理

（1）**露地春甘蓝栽培**　为提早上市，可以在定植后覆盖小拱棚，此项措施工作量较大，应根据当地劳动力价格情况灵活采用。若覆盖小拱棚，定植后到缓苗前一般不进行通风，以保温为主，通过高气温带动地温，促进幼苗根系生长，以尽快缓苗。缓苗后可适当通风降温，小棚内温度白天控制在 20～25℃、夜间 13～15℃。根据植株生长状态追肥，一般缓苗后每 667 米² 随水追施尿素 10 千克。晴暖天气可揭开薄膜，保证植株的光照条件，夜间要闭合薄膜。随着外界气温的升高要逐渐加大通风量，增加植株在自然状态下的生长时间，当夜间气温稳定在 10℃以上时即可撤下地膜，转入露地生长。甘蓝各时期追肥量一般每 667 米² 追施尿素 15～20 千克，追肥后随即浇水。叶球生长期保持土壤湿润，不再追肥，生长后期控制浇水。

（2）大棚春甘蓝栽培

①温度管理　甘蓝缓苗期所需温度较高，但外界气温低，为促进缓苗，定植后要注意防寒保温，有条件的可在棚四周围覆盖 1 米高的草苫，可使棚内气温增高。定植前期温度管理不当，极易造成春甘蓝提前通过低温春化，在生产中应注意控制温度。棚膜四周压紧封实，并增加透光，以提高地温，促进快速缓苗。定植后一般不通风，白天温度控制在 25～27℃、夜间 15℃。缓苗后适当蹲苗，前期不要使幼苗生长过旺，白天温度保持在 15～20℃、夜间 12℃。随着外界气温升高，棚内温度也迅速升高，应适当增加通风量，大棚温度超过 20℃时开始通风，控制温度不超过 25℃。通风换气先从棚的东边开口通风，最好在中午进行，注意低温季节不要通底风。以后随着外界气温的升高，逐渐加大通风量，并延长通风时间。当棚内夜间最低气温稳定在 10℃以上时，可昼夜通风，保证甘蓝正常结球。

②肥水管理　甘蓝定植时浇透定植水。在生长前期，为避免降低地温，一般不进行浇水。缓苗后，选晴天的上午浇 1 次缓苗水，结合浇水每 667 米² 施速效氮肥 15 千克。随着外界气温的回升，甘蓝的蒸腾量也加大，要保持畦面湿润，干旱时适当浇水。植株进入莲座期，加强肥水供应，一般施肥 1～2 次，每次每 667 米² 施速效氮肥 20～25 千克。莲座后期适当控水蹲苗，当球叶开始抱合时结束蹲苗，此时标志甘蓝进入结球期，植株对

养分的需要量急速增加，应根据基肥施用量及植株生长情况，追施 1～2 次肥。结球后期为增加产量，可用 0.2％磷酸二氢钾溶液进行叶面喷施。收获前几天停止浇水，以降低产品器官中的含水量，便于贮藏和运输。

（3）日光温室早春茬甘蓝栽培

①温度管理　从定植到缓苗阶段，以保温为主，促进生根缓苗，白天温度保持 25～28℃、夜间 15～18℃。缓苗后逐渐降温，白天温度保持 20～22℃、夜间 10℃左右，尤其要注意夜间温度不能长时间低于 8℃，以免幼苗通过春化阶段而发生未熟抽薹。结球期白天温度保持 15～18℃，结球期温度不能过高，并要有一定的昼夜温差，否则不利于叶球紧实。

②肥水管理　定植时外界气温低，需浇小水，避免大水漫灌。缓苗后及时浇缓苗水，每 667 米² 随水追施速效氮肥 10 千克，促进植株快速生长，增强幼苗的抗逆性。浇水后及时中耕，促进根系生长。莲座期结合浇水每 667 米² 追施硫酸铵 15～20 千克。莲座后期不浇水、不追肥，以防外叶过大造成营养生长过旺，影响产量形成。心叶开始抱合标志植株已经进入结球期，结球期是甘蓝生长最快、生长量最大的时期，也是需要肥水量最大的时期，生产中一定要保证肥水充足供应。结球期追肥 2～3 次，每次每 667 米² 追施尿素 15 千克。浇水以保持地面湿润为准，但收获前期不要肥水过大，以免裂球。

（4）日光温室冬春茬甘蓝栽培

①温度管理　定植后缓苗前应以增温保温为主，前期基本不通风，白天温度控制在 20～25℃，夜间温度保持在 10℃以上，较高的温度有利于新根发生，可促进缓苗。缓苗后白天温度控制在 18～25℃，当温度超过 25℃时及时通风降温。为了防止未熟抽薹，夜间温度应保持在 8℃以上。莲座期白天温度控制在 15～25℃、夜间 10～15℃，结球期白天温度控制在 15～20℃、夜间 10℃左右。

②肥水管理　缓苗后选晴天上午浇 1 次缓苗水。莲座期要保证充足的水分供应，使莲座叶达到最大的营养面积，为叶球生长奠定良好的基础。追肥以氮肥为主，一般随水追施，每次每 667 米^{2}施速效氮肥 15 千克。莲座后期控制浇水施肥，当心叶开始抱合时标志植株进入结球期，要加强肥水管理，一般追肥 2～3 次，每次每 667 米^{2}随水追施硫酸铵 15 千克。

③光照管理　甘蓝幼苗期和莲座期要求光照充足。结球期较短日照时数和较弱光照强度，有利于叶球形成并具有较高的商品品质。幼苗期和莲座期在保证室内适宜温度条件下，白天早揭苫，傍晚晚盖苫，尽量延长光照时间，促进植株光合作用；定期清理棚膜，增加室内透光率。甘蓝生长期外界温度较低，通风时要采取从小到大、由少到多的原则，随时监测室内温度变化。浇水后要及时通风，降低室内湿度，可有效降低由于低温高湿而导致病害发生的概率。

5. 病虫害防治　春季气温逐渐升高，蚜虫迅速繁殖危害甘蓝，影响甘蓝正常生长。同时，蚜虫还可传播病毒，导致田间植株发生病毒病。春季中后期为小菜蛾繁殖盛期，小菜蛾严重发生时能将叶片吃光。春甘蓝主要病害有病毒病、软腐病、霜霉病、黑腐病等，尤其是雨水较多和雨季到来较早的年份，在湿热气候条件下软腐病、霜霉病、黑腐病等病害发生严重；而在干旱少雨的年份，病毒病发生比较严重。由于春季栽培甘蓝生长期较短，病虫害发生频繁，农药施用不当易引起污染和残留，防治时应选择低毒农药，并结合农业防治、物理防治等方法，降低田间病虫害的发生。

6. 采收　春甘蓝在叶球紧实度达到七八成时即可采收，一般根据市场需求分批采收。采收时一手扶叶球，一手用刀从叶球根部砍下，除去靠近地面有泥土的叶片，保留较好的外叶即可。一般开始时每 3～4 天采收 1 次，以后每 1～2 天采收 1 次，也可进行一次性采收。

二、夏甘蓝栽培技术

夏甘蓝一般选用早熟或中熟品种，多在4～5月份播种，8～9月份上市。夏甘蓝生长期正处于高温多雨季节，生长中后期若遇高温、干旱等天气条件，不利于叶球形成。整个生长期病虫害严重，如防治不及时极易造成减产甚至绝收；但用药过多，又会造成农药残留超标，达不到无公害蔬菜的标准。所以，生产中一定要根据本地区夏季气候特点选择适宜的栽培品种。同时，还要培育壮苗，做好遮阴防雨和病虫害防治工作，注重田间管理，并采取分期播种、分期收获均衡上市，确保夏甘蓝丰产丰收。

（一）栽培方式

1. 露地栽培 我国北方地区夏秋季气候较南方凉爽，空气湿度小。尤其是一些高寒地区，昼夜温差大，病虫害较轻，适合夏甘蓝栽培。

2. 覆盖栽培 利用大棚或日光温室，采取棚膜、防虫网和遮阳网3层覆盖相结合的方式进行越夏甘蓝栽培。棚膜平时卷放在棚顶，下雨时放下，可防止因暴雨造成的软腐病发生和流行。覆盖防虫网可防止蚜虫、菜青虫、小菜蛾等害虫的危害。遮阳网覆盖栽培，能够起到遮阴、防虫和改善大棚小气候条件等作用。

（二）栽培条件

夏甘蓝栽培的特点是生长前期高温干旱、进入结球期高温多雨，不利于产品器官形成。育苗期高温、长日照和强光照等因素，影响甘蓝幼苗的正常生长，给培育壮苗增加困难。生长中后期湿热的环境条件影响根系和叶片生长，不利于产量形成；同时，不利的气候条件还是甘蓝软腐病、黑腐病等病害的诱发因子，增加栽培管理难度。因此，露地夏甘蓝栽培适合我国北方部分地区和高海拔冷凉地区，其他地区夏甘蓝栽培需要人为改变田间小气候，创造适宜的环境条件，多进行设施覆盖栽培，并选用耐热、抗病、早熟、适宜密植的品种，选择能排能灌的栽培地块，采取高垄栽培，可与黄瓜、菜豆、玉米等高秆作物间作。

（三）栽培技术要点

夏甘蓝对栽培技术要求较高，叶球形成期处于高温多雨季节，不利于产品器官形成，而且高温高湿的条件易导致病虫害发生严重，要采取多种栽培措施进行综合防治，才能获得优质高产。

1. 品种选择　夏甘蓝栽培，叶球形成期温度高不易结球，而且高温高湿的环境条件还容易发生病虫害。生产中应选用耐热、耐湿、抗病虫性强、丰产优质的夏甘蓝品种，如中甘8号、京丰1号、夏丰、夏光、泰甘等。

2. 播种育苗　越夏甘蓝一般在4～5月份播种，培育壮苗是夏甘蓝栽培成功的关键，一般采取苗床育苗法。先配制营养土，制作播种苗床，再用多菌灵进行杀菌消毒后播种。选择饱满的种子，温水浸种2小时后直接播种或催芽后播种，催芽温度22～25℃，当70%种子露白时即可播种。选择晴天上午，先将苗床浇足底水，水渗下后将种子均匀地撒播在畦面上，播种后覆土1厘米厚，然后覆盖地膜，有条件者可搭设荫棚。每平方米播种量4克，每667米^{2}大田需播种床5米^2。待大部分幼苗出土后，可在傍晚揭膜。齐苗后，选择晴天中午再次覆土0.2厘米厚，以利于幼苗扎根，并具有降低床面湿度的作用。幼苗长到2～3片真叶时分苗，夏季栽培可以采取苗床分苗或营养钵分苗的方法，分苗后保证幼苗营养面积为10厘米^2。分苗后可在小拱棚上覆盖遮阳网降温，促进缓苗。夏季雨季来临时可将棚膜盖到小拱棚上防雨，并注意雨后排水，防止育苗床进水，导致大面积病害发生。待苗长到5～6片真叶时定植，定植前1周让幼苗全天见光，控制浇水，提高植株的抗逆性，有利于幼苗定植后尽快缓苗。

3. 整地定植　夏季栽培甘蓝应选择排水方便的地块，不宜与十字花科作物连作。每 667 米^2 施充分腐熟有机肥 3 000 千克，深耕细作，做小高畦或高垄，防止夏季雨水过多，导致病害严重。由于夏甘蓝生长势较小，可适当密植，一般株距 35～45 厘米，行距 40～45 厘米，每 667 米^2 定植 3 300～4 500 株。

夏季气温较高，定植应选阴天或晴天傍晚进行。先开沟或按定植穴在垄上刨埯，然后摆苗、稳坨、浇定植水，为保证定植水充足，可浇 2 次水，待水渗下后封土。定植完成后可结合垄沟灌水，以提高幼苗成活率。

4. 田间管理　缓苗后及时浇缓苗水，浇水宜在早晨或傍晚进行，避免高温高湿对甘蓝产生不良影响，每 667 米^2 随水追施尿素 10 千克。浇水应掌握小水勤浇的原则，保持土壤湿润。莲座期和结球期分别进行追肥，每次每 667 米^2 追施三元复合肥 15～20 千克，保证植株生长健壮。雨后或施肥浇水后要及时中耕除草，促进根系发育，并有利土壤保墒。植株封垄后要尽量避免田间作业，防止操作时致使叶片形成微细伤口，为病菌侵染提供有利条件。从结球开始要注重浇水，叶球前期生长速度快，需要肥水多，可根据天气和土壤情况灵活掌握灌溉次数，一般发现地面见干时就应浇水。植株进入结球后期必须控制浇水量，防止叶球开裂，影响产品器官品质。

5. 病虫害防治　夏季栽培甘蓝对栽培技术要求较高，结球期温度不适宜，且正处于病虫害发生比较严重的季节，选择适宜品种和病虫害防控是关键技术。夏甘蓝主要病害有软腐病、霜霉病、病毒病和黑腐病等，主要虫害有蚜虫、菜青虫、菜螟、小菜蛾等。生产中应采用以农业防治为基础、生物防治为重点、化学防治为补充的综合防治措施，选用高效低毒、低残留农药，并注意不同农药品种交替使用。北方高寒地区夏季气温不高、昼夜温差较大，由于气候条件适宜甘蓝生长，而且病虫害发生程度较轻，目前夏甘蓝栽培已成为当地农民的主要经济来源。

6. 采收 夏甘蓝结球期正值高温多雨季节，病虫害严重，且成熟叶球易开裂，一般在包心达到七成以上时即可根据市场需求收获上市。选择晴天傍晚或早晨采收，用刀砍下叶球，保留2片外叶，以利于贮运时保护叶球。若连续阴雨天应适当早收，以免产生裂球和发生病害。避免在雨后采收，否则叶球容易发生腐烂。夏甘蓝采收时正是病虫害高发期，叶球基本长成时即可采收，多进行一次性采收，或收获2～3次；若在采收期田间病害发生严重，就不要考虑叶球包心是否紧实，尽快采收上市。

三、秋甘蓝栽培技术

秋甘蓝栽培一般选用中晚熟品种，6～7月份采用高畦荫棚育苗，8月份定植于大田，9～10月份上市，若结合棚室进行栽培，可以延迟播种，延后采收。秋甘蓝栽培前期环境条件适合培养壮苗，后期利于甘蓝形成叶球，产品器官品质好，较耐贮藏，也容易获得高产，是我国大面积甘蓝栽培的主要茬口。此外，在我国高寒地区，选用晚熟甘蓝品种，春末夏初育苗，夏季定植，秋冬季收获，进行一年一季栽培。高寒地区昼夜温差大的环境条件适宜产品器官形成，病虫害较少，产品质量高，适宜贮藏和远距离运输销售。露地秋甘蓝主要是满足周边城市需求，近年来增加了北菜南运、出口外销等多种销售渠道。

（一）栽培方式

秋甘蓝栽培生长前期外界气温较高、雨水较多，不利于甘蓝幼苗生长。因此，生产中多采用育苗移栽方式，定植后成活率高、缓苗快，有利于产量形成。可进行露地栽培和大棚栽培，因生产甘蓝的效益低于果菜类蔬菜，一般不利用温室进行秋延后甘蓝栽培。

1. 露地栽培 我国北方地区夏秋季气候较南方凉爽，空气湿度较小，适合培育甘蓝壮苗。生长后期温度降低，昼夜温差加大，利于叶球形成。采取露地栽培，结合育苗移栽，可实现土地的有效利用。

2. 大棚栽培 利用大棚进行秋甘蓝栽培，可适当延迟生产，避开病虫害高发期，易获得优质高产。同时，甘蓝采收期错开秋菜上市时间，可增加经济效益。在生产过程中，由于大棚的环境可控，棚膜遮挡可避免暴雨危害，再结合防虫网覆盖，可大大降低病虫害的发生。

（二）栽培条件

秋甘蓝生长前期处于高温多雨的季节，一般采取育苗移栽方式。育苗需进行遮雨覆盖，育苗期保持土壤湿润，可满足幼苗生长对水分的需求，而且还能够降低土壤温度，避免苗期高温危害。下暴雨时需注意排水防涝，及时中耕松土，促进幼苗根系生长。生长后期气候冷凉，环境条件适宜叶球生长，易获得优质高产。

（三）栽培技术要点

1. 品种选择 露地秋甘蓝生长前期高温多湿，后期温度较低，叶球形成期的温度条件适宜产品器官生长，因此生产中应选用耐热、抗寒、耐贮藏的中晚熟品种，如中甘16、中甘18、秋甘1号等。

大棚秋甘蓝高产稳产、耐贮藏，且上市期错开露地秋菜采收期，对调节淡季蔬菜供应、增加市场蔬菜品种具有重要的作用。此茬口甘蓝多在夏季播种，秋末冬初收获，结球期处于秋季冷凉的气候条件，适宜产品器官形成。生产中宜选择适应性广、耐热、耐寒、叶球紧实、耐贮藏的品种，如中甘16、中甘17、夏光、世农200等。

高寒地区甘蓝一年一茬栽培应选择冬性强、品质好、叶球紧实、抗裂球、耐贮运、商品性好的中晚熟品种，如中甘 11 号、京丰 1 号、绿宝、世农 720 等。

2. 播种育苗　露地秋甘蓝播种期可根据前茬作物安排，6 月中下旬至 7 月上中旬均可。为保证秋甘蓝上市时价格较高，可适当提前或者延后播种，生产中可根据当地气候条件灵活掌握。延后播种时间不宜过长，否则甘蓝生长后期遇低温影响，易造成结球不实，降低单位面积产量。

大棚秋甘蓝栽培可于 7 月下旬至 8 月中旬播种育苗。大棚甘蓝栽培，植株进入结球后期，外界气温较低，由于大棚不方便采取有效的增温措施，在气温不正常年份有可能出现低温障碍问题。因此，甘蓝播种期应根据品种的生长期和栽培地的气候条件而定，宁可适当提前，不可延后。

秋甘蓝育苗期正值夏季高温多雨季节，应选择地势平坦、开沟排灌方便的地块制作苗床，利用高畦遮阴育苗，以利防晒、防雨、排水、降温。育苗床要选择肥沃、疏松、没有病虫害的大田土，一般种植 667 米^2 甘蓝需苗床 8～10 米^2。

选用近 3 年未种植过十字花科蔬菜的肥沃园土 2 份与充分腐熟的过筛有机肥 1 份混合，每立方米加入三元复合肥 1 千克，将肥土混合均匀后制作成高 10 厘米的小高畦。为降低苗期病害发生，可喷洒 50% 多菌灵可湿性粉剂 600 倍液进行苗床消毒。也可采取药剂拌土播种，方法是每平方米苗床用多菌灵 10 克、细土 4 千克配制成药土，做苗床时上部铺 2/3 药土，播种后覆盖剩余 1/3 药土（俗称下铺上盖）。选择晴天傍晚播种，先将苗床浇透水，水渗下后在苗床上撒一层细干土。多采用干籽直播，将种子均匀地撒播到苗床上，播后覆盖 0.5 厘米厚的细土。高温季节育苗适当稀播，每 667 米^2 栽培田用种子 20～25 克，需苗床 15～20 米^2。播种后及时搭荫棚，棚上覆盖遮阳网，育苗期间下雨时最好能用塑料薄膜覆盖，避免雨水淋灌苗床，以降低苗期病害的发生。同时，在苗畦周围挖排水沟，防止雨水灌入苗床。

种子出土前注意保持床土湿润，一般每 1～2 天浇水 1 次，直至出苗。幼苗出土后每天浇 1 次水，以后要保证苗床湿润，一般不施肥。当幼苗长出 2 片真叶时分苗，保证每株幼苗的营养面积为 10 厘米^2。选择阴天或傍晚时分苗，可以将幼苗分到苗床里或者是营养钵内。分苗后遮阴 2～3 天，随着幼苗的生长，逐步减少遮阴时间，至定植前完全不遮阴，让幼苗在自然环境下生长。苗期加强管理，防止阳光直射，选择早上或傍晚浇水。幼苗长大后，视天气情况减少浇水次数。定植前 1 周，逐渐撤掉覆盖物，并控制浇水进行炼苗。若幼苗出现缺肥症状，可于定植前喷施 1 次叶面肥。一般甘蓝日历苗龄 40 天左右，生理苗龄 6～7 片真叶即可定植。

在我国北方的内蒙古、黑龙江等高寒地区，无霜期短，选用大型晚熟甘蓝品种进行一年一茬栽培，一般于 4 月份至 5 月初冷床育苗，5 月份至 6 月中下旬定植，8～9 月份采收。

甘蓝壮苗标准：幼苗 5～8 片真叶，叶色浓绿、叶片肥大，茎粗壮，根系健壮发达。

3. 整地定植　甘蓝的主根不发达，应选择土壤肥沃、通风透光、排灌方便的地块栽培，要求 3 年内未种过十字花科蔬菜，深翻细耙，精细整地。由于此茬栽培品种多选用中晚熟品种，生长周期长，需肥量大，应施足基肥，一般每 667 米^2 施充分腐熟有机肥 4 000 千克、三元复合肥 30 千克、过磷酸钙 30 千克、氯化钾 15 千克。为方便排灌，采用起垄栽培，株行距 35～50 厘米×50～55 厘米，一般每 667 米^2 定植 2 400～3 800 株，中熟品种栽 2 500～3 500 株，晚熟品种以 2 500 株为宜。大棚栽培可做小高畦，畦高 15 厘米，畦宽 1～1.2 米，每畦种植 2 行，株距 45～50 厘米。

秋甘蓝定植期正处于高温季节，气温高、土壤湿度小、蒸发量大，定植应选择阴天或晴天傍晚进行，以提高幼苗定植质量。

定植前1天，苗床浇透水，起苗时尽量多带土、减少根系损伤，操作时将大小苗分开，分别定植，这样有利于日后管理。定植时先在垄上开沟，将幼苗按株距摆放在沟内，适当稳坨，每667米²株间点施三元复合肥25千克。定植后立即浇定植水，定植水一般浇2次，第一次水渗下后再浇第二次，待水渗下后覆土。甘蓝茎短缩，覆土高度以子叶下部为宜，避免将生长点埋到地下，影响缓苗。覆土后逐垄沟浇水，提高定植成活率，定植后发现缺苗要及时补苗。

高寒地区甘蓝一年一茬栽培由于生长期长，一定要选择土层深厚、肥沃、保水保肥力好的地块栽培，冬前深耕，翌年春再细致整地，结合整地每667米²施充分腐熟有机肥4 000～5 000千克、三元复合肥30千克。深耕起垄或做畦栽培均可，畦栽以平畦为主，也可高畦栽培，可根据生产地的环境条件选择适宜的栽培形式。畦栽的畦宽1米、长8～10米；垄栽的垄距60～70厘米，垄高10～15厘米。当10厘米地温达到8℃以上时，选择晴天定植，定植后及时浇水，高寒地区定植时间为5月下旬至6月中旬。株行距可根据土壤和肥水条件灵活掌握，土壤和肥水条件好可适当密些，土壤和肥水条件差则适当稀些，晚熟品种株行距大于早中熟品种，早熟品种每667米²定植3 000～3 800株，中熟品种2 500～2 700株，晚熟品种1 800～2 200株。

4. 田间管理

（1）水分管理 露地秋甘蓝生长前期气温较高，应根据土壤情况及时浇水，最好选择晴天傍晚浇水，暴雨后注意排水，保持土壤见干见湿。甘蓝缓苗后及时浇缓苗水，进入莲座期保持土壤湿润，莲座后期心叶开始抱合时及时蹲苗，避免浇水，保证甘蓝正常进入结球期。进入结球期后，植株生长量大，叶片蒸腾旺盛，要保证水分充足供应。结球后期尽量少浇水，防止发生裂球或因田间湿度过大而发生病害。每次浇水后均要及时中耕松土，促进植株根系发育。甘蓝叶片封垄后尽量避免一切农事操作，防止甘蓝因叶片损伤而导致病害发生。

大棚秋甘蓝定植缓苗后及时浇缓苗水，浇水后中耕松土，为根系生长创造良好的通气条件。生长前期要保持土壤湿润，以促进植株营养生长，一般每隔 5～7 天浇水 1 次。莲座期浇水的原则是既要有一定的土壤湿度，又要适当地控制水分，使生长速度不要过快，从而使内短缩茎的节间变短，结球紧实。莲座末期要控制浇水，当植株正常进入结球期时增加浇水量，保证充足的水分供应。从定植缓苗到植株封垄需要中耕 3～4 次，每次中耕结合进行根部培土，以有效防止植株倒伏。扣棚后外界气温降低，应适当减少浇水次数，防止棚内湿度过高而导致植株发生病害。

（2）**肥料管理**　露地秋甘蓝缓苗后随水追施 1 次提苗肥，一般每 667 米^2 施尿素 10 千克。莲座初期和结球初期是甘蓝产量形成的关键时期，尤其要注重追肥，每 667 米^2 分别随水施三元复合肥 15～20 千克。植株进入结球期，每 667 米^2 随水冲施硫酸铵 15 千克，促进结球紧实。

大棚秋甘蓝缓苗后及时追提苗肥，每 667 米^2 施尿素 10～15 千克，促进幼苗迅速生长。莲座叶形成时追施第二次肥，每 667 米^2 追施尿素 15 千克。进入结球期后，可根据植株生长状况追肥 2 次，每次每 667 米^2 追施三元复合肥 30 千克。为提高品质和产量，可用 0.2% 磷酸二氢钾溶液进行叶面喷施。结球后期停止追肥。

（3）**温度管理**　大棚秋甘蓝定植初期，外界气温能够满足甘蓝生长的需要，可以不覆盖棚膜。当外界最低气温降至 8℃ 以下时覆盖棚膜，以保证甘蓝生长后期对温度的需求，一定要选择透光保温效果好的优质棚膜。植株营养生长期适宜温度 20～25℃，结球期适宜温度 15～25℃，各生长阶段要严格控制棚内温度，以满足甘蓝不同生长阶段对于温度的要求。尤其在莲座后期，确保棚温稳定在 15～25℃，高于 25℃ 应适当通风，以免茎叶徒长导致不结球。

　　高寒地区栽培甘蓝，因昼夜温差大，即使在夏季气温也较低，不适宜大多数病虫害的发生和流行，适合甘蓝叶球形成，田间管理技术相对简单。定植缓苗后浇缓苗水，然后控制浇水，加强中耕以提高地温。植株生长前期田间管理主要是中耕除草，促进根系生长，增强植株抗寒能力，减少甘蓝未熟抽薹现象发生。由于生长前期温度较低，尽量少浇水，防止地温低而导致幼苗生长缓慢。缓苗后，每667米^{2}随水施速效氮肥7.5～10千克，以促进莲座叶生长。浇水后要注意中耕，增强土壤的透气性，保证根系生长。第一次追肥约15天后进行第二次追肥，每667米^{2}施尿素20千克。莲座末期可适当控制浇水，以促进结球。生长中期处于高温多雨的夏季，暴雨过后及时排水，同时严防虫害发生。进入结球期结合浇水进行第三次追肥，并保证土壤湿润。晚熟甘蓝外叶多且硕大，在整个生长过程中可根据植株生长状况多追1次肥。甘蓝采收前应控制浇水，以降低产品器官含水量，便于贮藏。

　　5. 病虫害防治　秋甘蓝育苗期处于高温多雨季节，病虫害比较严重，病害主要是病毒病和霜霉病，虫害主要是蚜虫、菜青虫、小菜蛾等，应加强防治措施。结球期处于秋季，温度条件不适合病虫害发生，所以此栽培茬次产量高，品质较好，适合远距离运输或者加工贮藏。

　　6. 采收　秋甘蓝栽培大多选择中晚熟品种，可根据品种的整齐度，待叶球长到充分紧实时一次收获。一般用手掌在叶球顶部压一下，感觉坚硬紧实即可采收。若就近销售，可用刀从叶球根部砍下，保留1～2片外叶即可。若进行贮藏，可将甘蓝连根拔起，将外叶覆盖在叶球上晾晒，当叶球含水量降低后再贮藏。

　　若甘蓝进入采收期，但市场价格不高，而大棚内环境条件还可以满足甘蓝对于生长最低温度的要求，则可以适当延迟采收上市。为防止甘蓝采收过晚出现叶球开裂，可铲断植株根系，以延长甘蓝采收供应期。

四、越冬甘蓝栽培技术

在我国北方冬季利用大棚或温室等设施栽培甘蓝，产品器官在深冬及早春上市，经济效益较好，但生产成本过高。甘蓝露地越冬栽培成本低，产品器官容易达到无公害的标准，可供应春节和3～4月份蔬菜市场，经济效益较好。

（一）栽培方式

越冬甘蓝一般采取育苗移栽方式，结球前期气候冷凉，环境条件适宜叶球生长，在越冬前形成不太紧实的叶球，进入冬季在露地低温条件下可缓慢生长、正常越冬，部分地区需要简单覆盖进行安全越冬。由于整个生长季节的环境条件不适合病虫害发生，容易获得优质的产品器官，并保证甘蓝周年供应。

（二）栽培条件

甘蓝一般可耐受短期 –8℃的低温，低于 –10℃则需加一定的覆盖，温度再低的地区则不可越冬。近些年，通过育种工作者的不懈努力，选育出了一些能耐受 –15℃、短期耐受 –18℃的越冬甘蓝品种，扩大了越冬甘蓝在我国北方地区的栽培面积。在我国北方部分地区，华北南部及河南、山东等地均可进行越冬甘蓝栽培。

（三）栽培技术要点

1. 品种选择　甘蓝露地越冬栽培要注重品种选择，生产中可选择耐寒性强、冬性强、生长期长的品种，适宜露地越冬栽培的甘蓝品种主要有冬冠1号、冬春1号、冬春2号、寒春等。

2. 播种育苗　越冬甘蓝栽培最重要的是确定适宜的播种期，播种期的早晚直接决定甘蓝越冬栽培成功与否。播种过早，植株生长过大，已基本成熟的甘蓝抗性逐渐降低，不利于越冬；播种期过晚，植株处于半包球状态，容易通过春化而抽薹，从而导致种植失败。因此，播种期的确定应以生长期的长短、当地秋季气候特点及早霜到来的时间等综合考虑。越冬甘蓝在我国北方地区播种期一般在7月份至8月上旬，长江以北地区无霜期略短，越往北温度越低，播种期应适当提前。华北南部河南、山东等地播种期为7月份左右。播种宁早勿迟，确保植株在越冬前形成不太紧实的叶球，以保证植株安全越冬。

越冬甘蓝露地育苗期正值夏季高温多雨季节，苗床应选择土壤疏松肥沃、排灌方便、通风良好的地块。床土选择未种植过蔬菜的大田土为好，每立方米施充分腐熟有机肥10千克、三元复合肥0.5～1千克。为预防苗期病害，可以喷施50%多菌灵可湿性粉剂消毒。土肥充分混合均匀后过筛，制作苗床，耙平畦面。播种前先浇水，水渗下后播种，一般采取干籽直播，播后覆盖0.5厘米厚的细土。播种后在苗床上搭棚，覆盖遮阳网，夏季高温蒸发量大，一般每1～2天浇水1次，保持畦面湿润。幼苗出土后，视天气情况减少浇水次数，雨后及时排水。幼苗长到2～3片真叶时进行分苗，保证每株幼苗营养面积10厘米^2。

3. 整地定植 一般在8月下旬至9月上旬定植。选择排灌条件好、2～3年未种植十字花科作物的地块，每667米^{2}施充分腐熟有机肥2 000～3 000千克、三元复合肥30千克、氯化钾15千克，深翻细耙。做高畦或高垄，畦宽1.2米，垄距55～60厘米，每畦定植2行，行距60厘米，株距35～40厘米。早熟品种株距小些，中晚熟品种适当加大株距。选择阴天或晴天傍晚定植，以降低幼苗蒸腾作用，提高定植成活率。定植前1天，苗床浇透水，秧苗宜带土坨移植，起苗尽量少伤根。浇足定植水，一般浇2次。为促进尽快缓苗，覆土后可在垄沟或畦间浇1次大水。

4. 田间管理 定植缓苗后浇水，每667米^{2}随水冲施尿素10千克。进入莲座期要保证充足的肥水供应，结合浇水每667

米^{2}追施尿素 25～30 千克。进入莲座后期要控制浇水施肥，当植株完成结球期过渡后再给予充足的肥水供应。结球期应保持土壤湿润，结合浇水每 667 米^{2}追施三元复合肥 15～20 千克，结球后期停止施肥。入冬前越冬甘蓝植株外部特征应表现为生长势强、叶片厚实、根粗壮，进入包球中后期的叶球直径 20 厘米以上，结球紧实度达六七成。

越冬期间一般不需管理，为防止个别小苗受冻，有条件的可浇 1 次封冻水，有利于提高甘蓝植株的耐寒性，保证其安全越冬。若栽培地区冬季 −10℃低温持续时间过长，可用干草、秸秆之类的材料稍加覆盖。天气逐渐转暖后，甘蓝开始返青，及时浇足返青水，每 667 米^{2}随水追施尿素 10 千克，浇水后中耕松土，促进甘蓝迅速生长。

5. 病虫害防治　越冬甘蓝结球期在冬季低温阶段，病虫害很少发生，几乎不用农药，是标准的无公害蔬菜品种。越冬甘蓝耐低温能力有限，客观上存在冻害和抽薹开花现象。播期过早，越冬前甘蓝会充分成熟，易出现冻害；播期过晚，冬前管理粗放，越冬前不能结球。生产中要特别注重甘蓝品种选择，尽量选择适宜栽培地区的越冬甘蓝品种，若大面积栽培最好先进行生产试验，并采取有效措施，以保证甘蓝的高产稳产。

6. 采收　露地越冬甘蓝栽培，没有严格的收获期，可根据市场需求灵活掌握采收上市。越冬甘蓝经过漫长的冬季，产品器官已基本长成，一般在 2 月中旬至 3 月中旬开始采收，可延迟采收到 4 月中旬至 5 月初。

五、特色甘蓝栽培技术

（一）甘蓝芽菜

甘蓝芽菜是利用种子培育出来的一种蔬菜，其产品器官不仅营养丰富，而且具有栽培技术简单、生产周期短的特点，在生产过程中不需要施用任何农药，是近年来新兴的一种无公害芽苗菜。

1. 栽培方式　甘蓝芽菜生产不受季节限制，可以进行周年生产。生产场所不用专门的设施，一般的蔬菜种植设施均可进行生产，甚至利用阳台、空闲房屋、庭院也可种植。甘蓝芽菜简单的家庭生产只需育苗盘或育苗容器、种子、喷雾器或喷水壶即可，场地较小的可以设栽培架进行立体栽培，栽培架可用竹片、木方、角铁制作，设备简单，操作性强。甘蓝芽菜生长期短，栽培管理简单，技术容易掌握，是一种非常适宜家庭休闲栽培的蔬菜，适合现阶段都市园艺的发展需求。

2. 栽培条件　生产甘蓝芽菜，应满足幼苗生长需要的温度条件；对光照的要求不严格，前期生长需要弱光条件，光照过强要适度遮光；要满足幼苗生长对水分的需求，缺水会导致产品品质变劣。甘蓝芽菜是利用种子中储存的养分直接培育成细嫩的芽或芽苗，生产过程中一般不需要施肥。

甘蓝芽菜规模化生产需要有播种室和绿化室，若采取立体栽培模式还需要有栽培架。栽培架一般高 1.6～1.8 米、长 1.5 米、宽 0.6 米，一般为 3～5 层，每层间距 40 厘米。栽培容器一般选用塑料育苗盘，规格为长 60 厘米、宽 25 厘米、高 5 厘米。

3. 栽培技术要点

（1）品种选择　目前，甘蓝芽菜生产没有专用品种，生产中用于露地或设施栽培的甘蓝品种均可，尤其是利用紫甘蓝种子生产的芽菜，叶片呈紫色，颜色艳丽且营养丰富，比较受市场欢迎。要求选用籽粒饱满、发芽率高的新种子。

（2）栽培方式

①无土栽培技术　播种前先浸泡种子 1 小时，捞出沥干。育苗盘底部铺 1～2 层湿润的新闻纸，将种子均匀地播在纸上，注意播种均匀（平铺一层即可）。播种后将育苗盘重叠放置在 18～25℃条件下催芽，每隔 4 小时用喷雾器补水 1 次。出苗后把育苗

盘移到绿化室，白天温度控制在 20～22℃、夜间 15℃左右。注意水分管理，保证栽培环境空气相对湿度达到 80%。约 1 周时间，当甘蓝子叶平展时即可采收上市。

此外，甘蓝芽菜还可用沙子、珍珠岩、炉渣等作栽培基质。育苗盘平铺一层 1.5～2 厘米厚的基质，浇水，然后撒播浸泡后的种子，播种后覆盖 1 厘米厚的基质。将育苗盘重叠放置在 18～25℃条件下催芽，每隔 4 小时喷水 1 次。种子出苗后将育苗盘移到绿化室，摆放到栽培架上。注意温度和水分管理，约 1 周时间，甘蓝芽菜即可达到成品标准出售。

②有土栽培技术 生产甘蓝芽菜不受地块大小限制，可以与其他蔬菜间作，或利用设施的边缘地块，甚至作业道进行栽培。甘蓝芽菜忌连作，应选择通气性良好的未种过十字花科蔬菜的肥沃沙壤土。先将地翻耕整平，做成平畦，一般畦宽 1 米左右，畦长可根据栽培场所而定。播种前用多菌灵对苗床进行消毒，并浇足底水。可以采取干籽直播方式，也可浸种 1 小时后与细沙拌匀，均匀撒播于畦面，播种后覆盖细土，盖土厚度不超过 1 厘米。播种量为每平方米 0.3～0.6 千克，播种量的大小与温度关系密切，温度高时播种密度小些，温度较低时应适当加大播种量。

适于甘蓝发芽及幼苗生长温度为 15～25℃，以 25℃为最佳。甘蓝生长时对于环境的适应能力较强，设施栽培时需要采取适宜的调控措施保证甘蓝正常生长，以获得高产；若与其他作物间作，则应考虑间作作物对环境条件的要求。甘蓝芽菜生长一般保证土壤湿润即可，在高温季节要及时补充水分，低温季节要适当控制浇水量。浇水后根据实际情况进行通风降湿，避免设施内湿度过大诱发病害。甘蓝芽菜主要利用种子自身营养进行生长，一般不需要施肥，若发现幼苗缺肥，可在苗高 3～5 厘米时叶面喷施 1～2 次 0.2% 磷酸二氢钾溶液。

（3）**采收** 甘蓝芽苗高 8～12 厘米为最佳收获期，其生长周期 7～10 天，温度过低时会推迟收获。生长期间要注意观察苗情，若发现部分幼苗叶片上有麻点，或部分区域出现倒伏苗时应及时收获。

（二）羽衣甘蓝

羽衣甘蓝是十字花科芸薹属2年生草本植物，又称绿叶甘蓝、牡丹菜，是甘蓝原始形态的变种，原产于欧洲南部地中海北岸。羽衣甘蓝栽培技术容易，营养价值高，尤其是微量元素硒的含量为甘蓝类蔬菜之首，具有抗癌蔬菜的美称。羽衣甘蓝以采收成长的嫩株或羽状嫩叶为食，叶片颜色因品种不同而异，有白色、紫红、鲜红或黄色等。羽衣甘蓝可露地栽培，也可设施栽培，可在观光生态园区制作景观，也可在家庭盆栽，是一种食用观赏兼用型蔬菜。

1. 栽培方式　羽衣甘蓝喜冷凉温和气候，在高温季节收获的产品器官叶质坚硬、纤维多，品质较差。在我国一般进行春秋露地栽培，大棚早春茬栽培和秋延后栽培，日光温室冬春茬栽培和秋冬茬栽培。

（1）设施育苗，露地定植　春季栽培，可在2月下旬至3月上旬在温室温床内播种育苗，4月上中旬定植于露地，5月上旬至7月上旬收获。秋季栽培最好利用遮阳防雨设施育苗，一般在6～7月份播种育苗，8月份定植于大田，9～11月份收获。

（2）设施栽培

①大棚栽培　大棚早春茬栽培在1月上中旬播种育苗，2月份定植，3月下旬至6月份收获。大棚秋延后栽培在7月份播种育苗，8月下旬至9月份定植，10～12月份采收。

②日光温室栽培　日光温室秋冬茬栽培7月下旬至8月下旬播种育苗，9月下旬至10月中旬定植，10月下旬至翌年3月份收获，若栽培管理得当可延迟收获至6～7月份。日光温室冬春茬栽培，11月上中旬至12月份育苗，12月中下旬至翌年1月份定植于温室，1～6月份采收。

2. 栽培条件 羽衣甘蓝属绿体春化型蔬菜，植株长到一定大小，在 2～10℃条件下 30 天以上就能通过春化作用，长日照条件下抽薹开花。羽衣甘蓝栽培以采收叶片为目的，生产中一定要注意低温对植株的影响。羽衣甘蓝在肥水充足和冷凉气候条件下生长迅速，产量高，品质好；在高温条件下也可生长，但是叶片变硬，品质较差，一般不进行越夏栽培。露地栽培常遇到高温、多雨等恶劣天气，软腐病、霜霉病及蚜虫、小菜蛾、菜青虫等病虫害严重发生，极易导致减产或绝收，生产中应加强病虫害防治，保证产品器官的产量和品质。设施栽培可覆盖遮阳网降温，覆盖棚膜防雨水，覆盖防虫网防病虫害，以确保优质高产。

（1）**温度条件** 羽衣甘蓝喜冷凉温和气候，耐寒性很强，炼苗良好的幼苗能耐 −12℃的短时间低温，成株在我国北方地区冬季露地栽培经受几十次短时霜冻而不枯萎，但不能长期经受连续严寒。发芽适温 18～25℃，植株生长适温 20～25℃，能在 35℃高温中生长，但叶片叶质较坚硬、纤维多、风味较差。因此，生产中应采用电热温床、小拱棚、日光温室等设施提高育苗畦温度，防止出现 10℃以下低温。定植后温度保持 15℃以上，在高温季节应采取通风、浇水等措施降低温度，避免出现长时间 30℃以上高温。

（2）**光照条件** 羽衣甘蓝较耐阴，但充足的光照条件下叶片生长快、品质好。通过春化作用的植株，在长日照条件下抽薹开花。露地栽培羽衣甘蓝，自然光照能够满足植株生长对光照条件的需求。设施栽培，若光照条件不能满足羽衣甘蓝的需求，应采取增光补光措施，满足光照时数和光照强度。

（3）**水分条件** 羽衣甘蓝叶片面积大，蒸腾旺盛，对水分需求量较大。植株在肥水充足条件下生长迅速，产量高，品质好。羽衣甘蓝耐旱不耐涝，干旱时叶片生长缓慢，影响产量；水分过大时，易发生叶片黄化现象，影响植株正常生长。在羽衣甘蓝的生长期中，应加强栽培管理，保证植株在不同生长期对水分的需求。春秋季露地栽培，低温时多出现降水涝渍现象，而高温时易出现干旱缺水现象，直接影响羽衣甘蓝对水分的吸收，应加强水分管理。设施栽培，易出现高温高湿现象，导致霜霉病、软腐病、病毒病等病害发生，应加强防治。

（4）**土壤和营养**　植株抗逆性强，对土壤的要求不严，以有机质丰富的肥沃沙壤土或黏质壤土为宜，适宜土壤 pH 值 5.5～6.8。羽衣甘蓝以叶片为产品器官，栽培中要注重氮肥的施用，并适当施用钙肥，有利于植株生长和产品器官品质的提高。

3. 栽培技术要点

（1）**品种选择**　春季栽培羽衣甘蓝，应选择抗寒、耐热、丰产、品质好的品种。经试种表现较好的品种有沃斯特、穆期博、温博特等。秋冬季栽培羽衣甘蓝，应选择苗期耐热性强，生长期抗寒、抗病性强的品种，如维塔萨、东方嫩绿、阿培达等。

（2）**播种育苗**　羽衣甘蓝种子多为国外引进，价格较高，生产中多采取育苗移栽方式，以降低生产成本，大面积种植也可采取机械播种育苗。育苗移栽一般每 667 米^{2}大田用种量 20 克左右，需苗床 10～15 米^2。

①常规育苗　选择地势干燥、通风良好、排灌方便的地块制作苗床。播前浇足底水，水渗下后将种子均匀地撒播在畦面上，播后覆土 0.5 厘米厚，然后覆盖地膜。若在高温季节育苗，需要用遮阳网覆盖，以降低温度和减少病虫害发生。低温季节要采取保温措施，可铺设电热温床、小拱棚等。

②穴盘育苗　采用 128 孔穴盘。播种基质可选用草炭：蛭石为 2：1 或草炭土：炭化糠灰：珍珠岩为 2：1：1，每立方米栽培基质加三元复合肥 3 千克，混合均匀。用 50% 多菌灵可湿性粉剂 500 倍液，或 50% 甲基硫菌灵可湿性粉剂 1 000 倍液浸透基质，进行消毒处理。基质充分吸饱水后装满穴盘，压穴深度 0.5 厘米，将种子点播到穴内，然后覆盖一层基质，再覆盖地膜，高温季节育苗需覆盖遮阳网。

（3）苗期管理

①温度管理　羽衣甘蓝种子发芽适宜温度 20～24℃，播种后设施内温度保持 20～25℃，一般 3～5 天即可出苗。出苗后及时揭开地膜，白天温度控制在 18～22℃、夜间 10～12℃，避免夜间温度高引起幼苗徒长。春季育苗注意保温，4 片真叶后夜间温度不要长期低于 6℃，防止幼苗通过春化作用。

②水分管理　出苗前不浇水，出苗后苗床保持见湿见干，忌大水漫灌。幼苗下胚轴在高温、高湿、弱光条件下极易徒长，故在真叶显露前一般不浇水。浇水后应通风降湿，并适当中耕松土，防止幼苗徒长。

③分苗炼苗　常规育苗，幼苗 2～3 片真叶时分苗，分苗面积 10 厘米^2，也可将幼苗分到直径 10 厘米的营养钵中。定植前 1 周需进行秧苗锻炼，采取控制浇水和降低温度的方式，白天温度保持 15～20℃、夜间 6～8℃，以提高幼苗抗逆性。穴盘育苗，不进行分苗，因基质保水能力不强，一般不用控水炼苗。

常规育苗，日历苗龄 30～40 天即可定植，其壮苗的标准：子叶肥厚、深绿色，节间短，有 5～6 片真叶，根系发达，无病虫害。穴盘育苗，幼苗具 3～4 片真叶时即可定植。

（4）整地定植

①露地栽培　选择地势平坦，排灌方便，地下水位较高，土层深厚、疏松、肥沃的壤土地块栽培，要求 2～3 年内未种植过甘蓝类蔬菜。结合整地每 667 米^2 普施充分腐熟有机肥 2 000 千克以上，深耕细耙，耕深 20～25 厘米。精细整地后做长 6～8 米、宽 1～1.2 米的平畦，土壤黏重、多雨地区应做成高畦。按行距 35～45 厘米、株距 35～45 厘米定植。

②大棚栽培　每 667 米^2 施充分腐熟有机肥 2 000～2 500 千克、三元复合肥 20～30 千克、钙肥 20 千克。可做畦栽培，也可起垄栽培，株行距 30～45 厘米×35～45 厘米，每 667 米^2 定植 4 000～6 000 株。

③温室栽培　温室栽培羽衣甘蓝采收期长，植株需肥量大，整地时施足基肥，一般每667米²施充分腐熟有机肥2 500～3 000千克。耙平畦面，做1.2米宽的小高畦。定植前覆盖地膜，可选择银灰色地膜，对蚜虫有驱避作用。每畦定植2行，行距60厘米，株距30～40厘米，每667米²栽植2 800～3 800株。

低温季节选择晴天上午定植，多采取暗水定植法。设施栽培可于定植前1周闷棚升温，多在定植前覆盖地膜。定植时浇水量宜小，最好单穴浇水，不可大水漫灌，以防降低地温。高温季节定植应选择阴天或傍晚，多采取明水定植法，多在定植后覆盖地膜。栽植不要过深，以幼苗心叶表面略高于畦面为宜，防止泥水淹没生长点而影响幼苗生长。

（5）田间管理

①露地栽培　定植后约1周缓苗，浇1次缓苗水，结合浇水每667米²追施尿素15千克，以后追肥根据生长情况而定。植株进入采收期，每采收2～3次后追肥1次，每次每667米²结合浇水追施三元复合肥15～20千克。

羽衣甘蓝全生育期需水较多，应保持土壤湿润。生长前期遇雨注意排水，生长后期保持土壤见干见湿，尤其在夏季暴雨后应立即排水，防止涝害发生。

及时中耕除草，以利于土壤疏松透气，促进根系生长。缓苗后中耕松土1～2次，并结合进行拔草，顺便摘掉下部老叶、黄叶，保留5～6片功能叶即可。

②大棚栽培　定植后一般不通风，以促进尽快缓苗。缓苗后，大棚温度白天保持在20～25℃、夜间12℃。高温季节应结合浇水、遮阴及通风降低棚温。低温季节可采取加扣小拱棚、浮面覆盖等方式提高温度。

定植后一般不浇水，缓苗后根据土壤墒情和气候条件进行浇水，浇水后及时中耕除草，促根系生长。进入植株旺盛生长期尤其应注重水分管理，要保持土壤湿润，满足植株生长对水分的需求。羽衣甘蓝采收期间，每隔 15～20 天追肥 1 次，每次每 667 米² 施三元复合肥 15～20 千克。

③温室栽培　定植后闷棚升温，促进缓苗。心叶开始生长代表缓苗结束，应降低室内温度，白天温度保持在 25℃左右、夜间 10～12℃。冬季加强保温防寒；夏季可通过覆盖遮阳网降低温度、减少光照强度，使羽衣甘蓝在适宜的条件下生长。

定植后保持土壤湿润，但切忌过于潮湿。植株不耐涝，土壤水分过多易造成叶片发黄、下部叶片脱落、生长停滞等现象。生长前期尽量少浇水，使土壤见干见湿；当植株长至 10 片叶左右时需水量增多，要保持土壤湿润，以小水勤浇为好。采收期间也要保证水分供应，以免影响品质和产量。设施栽培采用滴灌技术，既可满足羽衣甘蓝生长对水分的需求，还能节约用水，并可降低用工量。

定植后 20 天左右、6～8 片叶时追施第一次肥，每 667 米² 追施三元复合肥 15 千克、过磷酸钙 5 千克。定植后 40 天左右，每 667 米² 追施三元复合肥 15～20 千克、硫酸钾 10～15 千克。以后根据植株生长情况进行追肥，一般每采收 2～3 次追 1 次肥，在叶片伤口愈合后及时浇水追肥，以促进心叶生长发育，每次每 667 米² 追施三元复合肥 15 千克。植株进入生长后期，根系吸收能力降低，可每隔 10 天左右，用 0.3% 磷酸二氢钾＋0.3% 尿素混合肥液叶面喷施。

日光温室栽培羽衣甘蓝，因温湿度大、通风透光不良，容易造成植株生长不良和病虫害蔓延。因此，需要进行植株调整，及时除去基部的老叶、黄叶，基部留 5～6 片优质功能叶即可，以增强植株间通风透光性。

（6）病虫害防治　羽衣甘蓝苗期病害主要有猝倒病，可采取床土消毒、种子处理等方法降低其发生。露地栽培多在生长中后期发生黑腐病，病菌主要通过浇水、施肥、雨水和病株传播蔓延。此外，肥水管理不当、植株生长衰弱、害虫防治不及时或暴风雨天气较多等均可导致田间病害严重发生。设施栽培，若结合地膜覆盖栽培，病虫害发生较少。虫害主要有菜青虫、蚜虫、甜菜夜蛾等，可设置黄板诱杀蚜虫，利用黑光灯诱杀害虫，进行化学防治时禁止使用剧毒和高毒农药。

（7）**采收** 羽衣甘蓝早春和晚秋以后采收的嫩叶品质佳、风味好；夏季高温时采收，叶片变得较坚硬，纤维稍多，风味较差。从定植到采收一般需 25～30 天，外叶展开 10～20 片时即可采收嫩叶食用。根据羽衣甘蓝生长顺序，先采收底部叶片，叶片长 10～15 厘米即可采收，一般每隔 7～10 天采收 1 次。叶片达到采收标准应及时采收，采收过迟叶片纤维老化，影响品质；采收过早，叶片未完全长大，影响产量。

（三）抱子甘蓝

抱子甘蓝，别名芽甘蓝、子持甘蓝，为甘蓝种中腋芽能形成小叶球的变种。植株的每个叶腋均能结 1 个小叶球，即抱子甘蓝的产品器官。小叶球呈球形，横径 2～5 厘米，属微型蔬菜。抱子甘蓝叶质柔嫩，可清炒、凉拌或加工制罐，是欧洲、北美洲等国家的重要蔬菜之一。我国于 20 世纪末开始引种抱子甘蓝，目前全国各地广泛栽培，除用于食用外，还是观光、采摘和休闲园区的主栽品种，具有广阔的应用前景。

1. 栽培方式 抱子甘蓝喜冷凉气候，环境温度高于 23℃时不利于叶球形成，高温强日照条件，易发生病虫害且生长发育不良，日夜温差小侧芽不易包心结球。我国一般进行春秋露地栽培；大棚早春茬栽培、秋延后栽培；日光温室冬春茬、秋冬茬栽培。秋季利用大棚栽培，不仅能遮挡强烈的阳光，还能防止暴雨袭击，秋末冬初可以保温，为抱子甘蓝提供更长的生长期，产量也较高。日光温室栽培抱子甘蓝，可以创造更适宜的生长条件，叶球产量高、品质优。

抱子甘蓝易通过春化作用，适时播种是抱子甘蓝栽培的技术关键。播种太早，植株下部不结球腋芽多，植株老化早，产量低；播种太迟，植株营养生长不足，采收期延迟。生产中应根据品种特性和栽培条件合理确定播种期。

（1）**设施育苗，露地定植**　北方冬季寒冷的地区宜于春季4月上旬进行设施育苗，5月下旬至6月上旬定植于露地，8月下旬开始采收，直至11月份结束；秋季栽培，于6月份育苗，7月下旬至8月上旬定植，10月份开始收获，若移植于设施内，可继续收获至翌年3月份。南方冬季温暖、夏季炎热的地区，露地栽培只能秋播，7月中下旬至8月上旬播种育苗，9月中旬定植，12月中旬至翌年3月份收获。

（2）**设施栽培**

①大棚栽培　大棚早春茬栽培可在12月底至翌年1月上旬播种，2月中下旬定植，5月中旬开始收获。大棚秋延后栽培在7月份播种，8月下旬至9月份定植，11～12月份采收。

②日光温室栽培　冬春茬日光温室栽培在12月份至翌年1月份育苗，2月上中旬定植，5月中下旬陆续采收。秋冬茬日光温室栽培在8月上旬播种育苗，9月中下旬定植，12月份开始采收，可采收至翌年6月份。

2. 栽培条件　抱子甘蓝以叶球为产品器官，叶球形成需要冷凉的气候、充足的光照、较短的日照和充足的肥水等条件。高温会导致叶球品质下降，甚至不形成叶球。光照过强或过弱，也会令产品器官品质下降。抱子甘蓝的生长发育条件与结球甘蓝相似，属低温长日照绿体春化型蔬菜，当幼苗长到一定大小时才可感应低温，形成产品器官，所以不适合高温季节栽培，适宜海拔较低、冬季比较温暖的地区栽培。

（1）**温度条件**　抱子甘蓝喜冷凉气候，耐寒力很强，可耐受 $-3 \sim -4℃$ 低温。耐热性弱，其生长适温为 $18 \sim 22℃$，当温度降至 $5℃$ 生长受抑制。一定的昼夜温差有利于叶球形成，以昼夜温差 $10 \sim 15℃$ 的季节或地区生长最好，叶球形成期适温白天

15～22℃、夜间9～10℃。温度高于23℃，不利于叶球形成，且植株生长发育不良，易发生病虫害。在秋季冷凉条件下，白天阳光充足，夜晚有轻霜冻，有利于叶球形成和养分积累，叶球品质好。

（2）**光照条件**　抱子甘蓝属长日照植物，但对光照强度要求不严格。光照充足时植株生长旺盛，小芽球坚实且大，品质好。在芽球形成期如遇高温和强光，叶球的外层叶会发生外卷，致使芽球松散，质量下降；光照不足植株易徒长，节间长，叶球变小。抱子甘蓝要求植株中下部采光充足，若密度过大或外叶过于繁茂，易导致结球不良。因此，产品形成期要由下向上逐渐打掉叶片，改善植株中下部通风透光条件，保证叶球正常形成。

（3）**水分条件**　整个生长期喜湿润，但不宜过湿，以免影响根系生长和芽球形成。抱子甘蓝苗期要保持土壤湿润，满足小苗生长对水分的需求。小叶球形成时对水分需求较大，要保证充足的水分供应。在生长发育后期，根系吸收能力降低，应控制浇水次数，保持土壤见干见湿，延缓根系衰老，以延迟采收期。

（4）**土壤营养**　抱子甘蓝喜土层深厚、肥沃疏松、富含有机质、保水保肥的壤土或沙壤土。植株生长过程中需要氮、磷、钾和微量元素配合施用，尤其对氮肥的需要量较多。每生产1 000千克产品需要速效氮4.8千克、磷1.2千克、钾5.4千克。植株生长适宜的pH值为5.5～6.8。

3. 栽培技术要点

（1）**品种选择**　抱子甘蓝生长期较长，芽球形成需要较低的温度条件，春茬栽培应选择早中熟品种，如科仑内、早生子持、绿橄榄等。由于温度高、昼夜温差小不利于产品器官形成，栽培时应考虑芽球形成期的温度条件，在我国夏季温度高、温差小的地区不建议春茬生产。秋季越冬栽培时，应选择中晚熟品种。

（2）**播种育苗**　抱子甘蓝种子昂贵，一般不采取直播，多利用设施进行育苗移栽。采用常规育苗时，育苗期间分苗1次，二次成苗；采用穴盘育苗时，精量播种，一次成苗。

①常规育苗　苗床要选择通风良好、排灌方便的地块，播种前进行床土消毒。多采用干籽撒播，苗床先浇透水，水渗下后播种，播种后覆土 0.5～1 厘米厚。夏秋季育苗，播种后用黑色遮阳网在床面直接覆盖，再浇透水，保持湿润。种子开始出苗后及时撤去遮阳网，降温防雨，高温炎热的晴天遮阳网要早盖晚揭。小苗 2～3 片真叶时分苗，4～5 片真叶时定植，一般苗龄 35～45 天，每 667 米^2 用种量 20～25 克。

②穴盘育苗　穴盘育苗有利于降低生产成本，春季栽培用 72 孔穴盘，夏秋季用 128 孔穴盘。基质可用草炭：蛭石为 2:1，或草炭：蛭石：废菇料为 1:1:1，覆盖材料一律用蛭石，每立方米基质加三元复合肥 0.5～1 千克，肥料与基质混拌均匀后备用。若选择育苗专用基质，则不需额外施用肥料。播种前用温汤浸种，每穴放种子 1～2 粒，播后覆蛭石约 1 厘米厚，然后浇水，以水从穴盘底孔滴出为宜。出苗后及时查苗补缺。

（3）**苗期管理**　炎热多雨季节育苗，播种后应立即在苗床上加盖遮阳设施，通常在苗床上扣小拱棚，覆盖黑色遮阳网。低温季节育苗，可通过铺设电热温床、加盖小拱棚等方式保证种子萌发对温度的要求。播种后白天苗床温度保持在 20～25℃，一般不浇水。出苗后白天温度保持 18～25℃，并保持土壤湿润。幼苗 2～3 片真叶时分苗，分苗床与播种苗床相同，按 10 厘米×10 厘米株行距栽植，或者直接将幼苗分到直径 10 厘米的营养钵中。一般苗龄 30～40 天、幼苗 4～5 片真叶时定植。每 667 米^2 用种量 10～20 克。

（4）**整地定植**

①露地栽培　栽培地块应与非甘蓝类蔬菜轮作，精细整地，每 667 米^2 施优质有机肥 2 500～3 000 千克、三元复合肥 25 千克。排灌便利的沙壤土可开浅沟或平畦栽培，土质黏重、地下水位高、多雨的地区宜做高畦或平畦。高温季节需要选择阴天或晴

天傍晚定植；低温季节需要选择晴天上午定植。先覆盖地膜，按株距打孔、摆苗，稳坨后先浇透定植水，再覆土。大小苗分开定植，便于栽培管理。定植后至缓苗前，检查幼苗成活情况，发现缺苗、死苗要及时补齐。每畦种 2 行，株距 30～50 厘米，每 667 米^{2}定植 2 000～2 500 株。

②大棚栽培　定植前 1 周整地施肥，抱子甘蓝需肥量大，每 667 米^{2}可施优质有机肥 3 000～4 000 千克、三元复合肥 30 千克、钙肥 10 千克，普施后深翻细耙，做宽 1.2 米的小高畦。定植前 1 天覆盖地膜，株行距 50 厘米×60 厘米，每 667 米^{2}栽植 2 200 株左右。

③日光温室栽培　定植前施足基肥，每 667 米^{2}可施充分腐熟有机肥 3 000～5 000 千克、磷酸二铵 15 千克、过磷酸钙 20 千克。矮生早熟品种做成畦连沟宽 1.4 米的小高畦，每畦栽 2 行，株距 50 厘米，每 667 米^{2}栽 1 800～2 000 株。中晚熟品种单行定植，做成畦连沟宽 1.2 米的小高畦，株距 40～50 厘米，每 667 米^{2}栽 1 200 株左右。

（5）田间管理

①露地栽培　第一次追肥，在缓苗后结合浇水施提苗肥，每 667 米^{2}施尿素约 5 千克。第二次追肥在叶球膨大期进行，第三次在小叶球始收期进行，每次每 667 米^{2}施尿素 10～15 千克，以促进叶球发育和膨大。进入叶球采收期，由于叶球的不断形成，植株需要消耗大量的养分，及时追肥有利于提高产量，每 667 米^{2}穴施三元复合肥 20 千克。

抱子甘蓝定植后肥水要充足，促进同化叶形成，出现小芽球后保持土壤湿润，适量追施肥料。幼苗定植后要经常浇水，保证小苗生长对水分的需要，尤其是秋茬栽培正值炎热高温季节，水分管理更显得重要。植株生长中期，水分管理以见干见湿为原则。当下部小叶球开始形成时，要经常灌溉，使土壤保持水分充足，雨天要及时排水。每次浇水施肥后均要进行中耕松土、除草，并适当培土，防止植株倒伏。若植株生长过于高大，则需要搭架保证植株直立生长。

②大棚栽培 定植时温度较高，应适当浇水、遮阳，以降低温度。植株生长前期宜保持较高的温度，白天温度 22～27℃、夜间 13～15℃。当外界气温降低至 5℃时扣棚膜，白天保持温度 16～20℃，夜间温度保持 10℃左右、不低于 5℃。叶球形成期白天温度保持 13～16℃、夜间 7～10℃。

定植后当植株心叶开始生长时浇 1 次缓苗水。缓苗 7 天左右浅中耕 1 次，控水 4～5 天，促使扎根，之后要保持田间土壤湿润。发棵期到芽球膨大期，逐渐增加浇水次数。进入叶球采收期，外界温度较低，应减少浇水次数，每 15～20 天浇水 1 次，棚内空气相对湿度要小于 90%。抱子甘蓝整个生长期要追肥 4 次以上。定植后 7 天施提苗肥，每 667 米^{2}施尿素 5 千克；定植后 20 天施发棵肥，促进植株营养生长，为后期芽球膨大打好基础；进入芽球膨大期追第三次肥；后期每采收 2～3 次追肥 1 次，每次每 667 米^{2}施尿素 15 千克。从定植缓苗到莲座期要中耕 3～4 次，结合中耕进行根部培土，防止植株倒伏。抱子甘蓝需钙量较大，生长后期可叶面喷施 0.3% 磷酸钙溶液，或 0.3%～0.5% 氯化钙溶液，1 周 1 次，连喷 3～4 次。

③日光温室栽培 缓苗期白天温度保持 20～25℃、夜间 13～15℃。缓苗后应适当降低温度，白天温度保持 16～20℃、夜间 10℃左右。可通风换气调节室内温湿度和气体状况，以有效降低抱子甘蓝病虫害的发生，当室温高于 25℃时应及时通风降温。冬季外界气温过低时，随着室内外气温的变化，通风换气应由小到大，再由大到小，防止冷风直入伤害植株。叶球形成期白天温度保持 13℃左右、夜间 8℃左右。合理掌握揭、盖苫的时间，在满足室温的情况下，保温被应尽量早揭晚盖，以争取更多的光照时间。

缓苗后及时浇水，每 667 米^{2}随水追施尿素约 10 千克，以利于幼苗生长。第二次追肥在定植后 1 个月进行，促进植株型成更大的同化器官，为增产提供保证；植株进入结球期应及时追肥，促进叶球发育和膨大，这两次追肥每 667 米^{2}分别追施三元复合肥 25～30 千克、钙肥 10 千克。植株进入采收期，下部叶球陆续采收后，上部叶球不断形成，此期追肥可提高产量，每 667 米^{2}施尿素 15 千克、磷肥 10 千克、钾肥 10 千克。结球期可叶面喷施 0.3% 磷酸二氢钾溶液，每 5 天喷 1 次，连喷 3 次。

（6）**植株调整**　随着植株生长，应打掉下面的黄叶、老叶、病叶，植株基部结球不良的腋芽也要及时摘除，以减少水分和养分的消耗，利于通风透光，便于将来小叶球的采收。抱子甘蓝的产品器官是在叶腋处形成的叶球，随着叶球的不断膨大，叶柄会压迫叶球，使之变形而影响产品外观品质，因此应在叶球膨大初期及时将芽球旁边的叶片从叶柄基部摘掉。

抱子甘蓝植株高大容易倒伏，影响植株正常生长，一般植株长至 40 厘米左右时应进行搭架。露地栽培，可用 50～80 厘米高的竹竿插直立架，上部用绳扎好，预防倒伏。棚室栽培时，可利用棚架或在栽培行上部拉钢丝，将撕吊蔓绳端固定其上，下端固定在植株茎基部，随着植株的不断长高，将茎缠绕固定在吊蔓绳上，可防止植株倒伏。

植株进入生长后期，生长变缓，要根据具体情况摘去顶芽，以减少养分消耗，促进下部叶球生长充实，提高产品质量。

（7）**病虫害防治**　抱子甘蓝抗病性强，一般病虫害发生较少，但设施栽培时，其高温高湿条件有利于病虫害发生。主要病害有黑腐病、菌核病、软腐病和黑斑病等，主要虫害有菜粉蝶、菜蚜、甘蓝夜蛾和菜蛾等，生产中应采取选用抗病品种、合理进行轮作、适期播种、黄板诱蚜、药剂防治等综合防治措施，降低病虫害的发生与危害。

（8）**采收**　抱子甘蓝生长期较长，具体采收期因品种、播种期及管理措施不同而异。植株由下而上在叶腋逐渐形成小叶球，当叶球抱合坚实、外观发亮时即可采收。用小刀从叶球基部横切，去除外叶，露出淡黄色叶球即可。采收不能太晚，否则叶球开裂，品质变劣。抱子甘蓝采收期长达 2～3 个月，每株可收叶球 40 个以上，每 667 米^2 产量 800～1 200 千克。

（四）紫甘蓝

紫甘蓝又名红甘蓝、紫莲花白、紫包心菜等，属结球甘蓝的变种，是近些年从国外引进的稀特蔬菜。紫甘蓝颜色艳丽，富含维生素 C，营养丰富，并具有适应性强、病害少、结球紧实、耐贮运、产量高的特点，凡是能种植甘蓝的地方都能生产，其销售价格一般为普通甘蓝的 2 倍以上。随着人们对膳食营养结构的调整和涉外饭店需求的增加，紫甘蓝栽培面积不断扩大。

1. 栽培方式 紫甘蓝属甘蓝的变种，除叶片颜色与普通甘蓝有所差别外，其他特征特性与甘蓝基本相似。可进行露地春、夏、秋、越冬栽培，大棚早春茬、秋延后栽培，日光温室秋冬茬、冬春茬栽培，其具体栽培茬次安排同普通甘蓝。此外，因紫甘蓝有艳丽的外观，还适用于现代农业观光园区进行无土栽培。

2. 栽培条件

（1）温度 紫甘蓝喜温和气候，对温度条件适应性很强，有一定的耐寒、耐热能力。种子发芽适温 15～20℃，25～30℃较高温度也可正常发芽。幼苗能耐受 -4～5℃低温和 35℃高温，外叶生长适温 20～25℃，结球适温 15～20℃，25℃以上高温结球疏松，其品质和产量下降。

（2）水分 紫甘蓝较耐旱，不耐渍，雨涝排水不良，根系易变黑腐烂，植株易感黑腐病和软腐病。生产中应选择能排能灌地块栽培，在多雨地区可选择高垄（畦）栽培，或者安排茬口时错开雨季，通过采取适宜的栽培措施，以保证紫甘蓝正常生长。

（3）光照 紫甘蓝对光照的要求与普通甘蓝一样，喜光，属长日照蔬菜，对光照强度要求不严格，但充足的光照有利于生长。结球期要求较弱的光照强度和较短的光照时间。

3. 栽培技术要点　春露地栽培可选用紫甘1号、紫珠和巨石红等品种；春秋露地栽培可选用超紫、紫甘蓝早生、紫甘蓝3号和紫宝石等品种；春秋保护地栽培可选用早红、红亩、红宝石等品种；秋露地栽培可选用紫萱、喜庆等品种；露地越冬栽培可选用红亩、紫阳等品种。紫甘蓝育苗、定植、田间管理、采收等栽培技术与甘蓝基本一致。同时，紫甘蓝比甘蓝具有更好的抗逆性，适宜栽培的温度范围更广，有更强的抗病虫能力，容易获得稳产高产。

第五章
甘蓝病虫害防治技术

一、病虫害综合防治措施

甘蓝优质栽培，生产中应尽量少使用化学农药，可采取农业防治、生物防治和物理防治措施，以降低病虫害的发生。

（一）农业防治

农业防治是指运用各种栽培技术措施来改变有害生物生存的小环境，创造出有利于农作物和有益生物生长发育而不利于有害生物发生的条件，以控制病虫害的发生与危害。农业防治从农业生态系统的总体观念出发，以作物增产增收为中心，通过平时所进行的各种农业技术措施防治病虫害，除直接杀灭有害生物外，主要是恶化有害生物的营养条件和生态环境，以达到抑制其繁殖或使其生存率下降的目的，具有效果长久、对人畜安全、不会造成环境污染的特点。农业防治措施主要有以下几方面。

1. 及时清洁田园　蔬菜收获后和定植前及时清理田园，深翻土地、晒土，使部分病菌、虫卵死亡。定植后，注意摘除植株老叶、病叶、病株，并带出田园进行无害化处理，以有效减轻病虫害的传播和蔓延。

2. 合理轮作　与非甘蓝类蔬菜进行合理轮作、间作、套种，以避免连作障碍。

3. 培育壮苗　选用优质抗病品种，播种前采用物理或化学方法进行种子消毒，杀死种子携带的病菌、虫卵，可有效降低苗期病虫害的发生。定植前进行炼苗，可大大提高幼苗抗逆性，提高植株对不良环境条件的抵抗能力。

4. 采取科学的栽培技术　适期播种，使生长期避开不良气候和季节，尽量安排蔬菜产品器官形成期处于最适合的环境条件下；根据作物生长发育特点和栽培条件，进行合理密植；合理施肥，推广使用配方施肥或生物有机肥，有针对性地施用蔬菜专用肥；推广地膜覆盖栽培，设施栽培应采用节水灌溉技术；采取病虫草害综合防治技术，尽量采取生物防治和物理防治技术；加强棚室内温、光、水、气的管理与调控。

（二）生物防治

生物防治是指利用生物天敌、杀虫微生物、农用抗生素及其他生物制剂防治蔬菜病虫害，即利用各种有益生物或生物的代谢产物来控制病虫害，与化学防治相比具有经济、安全、无污染和产生抗药性慢等优点。生物防治方法主要包括以虫治虫、以菌治虫、抗生素治虫、以病毒治虫、生物制剂防治病虫害等，是无公害蔬菜病虫害防治的先进措施。

1. 以虫治虫　利用赤眼蜂防治棉铃虫、烟青虫、菜青虫等鳞翅目害虫；利用丽蚜小蜂防治温室白粉虱；利用烟蚜茧蜂防治桃蚜、棉蚜；利用草蛉捕食蚜虫、粉虱、叶螨等多种鳞翅目害虫卵和初孵幼虫，瓢虫、食蚜蝇、猎蝽等也是捕食性天敌。

2. 以菌治虫　利用细菌农药苏云金杆菌防治菜青虫、棉铃虫等鳞翅目害虫的幼虫；利用苏云金杆菌与病毒复配的复合生物农药防治菜青虫、小菜蛾等。阿维菌素类抗生素、微孢子虫等原生动物也可杀虫。

3. 抗生素治虫　利用浏阳霉素乳油防治叶螨；利用阿维菌素乳油防治叶螨、美洲斑潜蝇、小菜蛾及菜青虫；利用硫酸链霉素防治蔬菜细菌性病害；利用植物源农药如印楝素、黎芦碱醇溶液可减轻小菜蛾、甜菜夜蛾、烟粉虱等危害；苦参碱、苦楝、烟碱等对多种害虫有一定的防治作用。

4. 病毒制剂防治 利用弱毒疫苗 N14 防治由烟草花叶病毒侵染引起的病毒病，效果较好。

5. 利用昆虫生长调节剂防治虫害 昆虫生长调节剂是通过抑制昆虫生理发育防治害虫的药剂，如抑制蜕皮、抑制新表皮形成、抑制取食等导致害虫死亡，并影响下一代繁殖，具有毒性低、污染少、对天敌和有益生物影响小的特点。现在大量推广使用的品种主要有苏脲 1 号、氟啶脲、除虫脲、虫酰肼等。

（三）物理防治

物理防治是指利用物理因子和机械作用对病虫的生长、发育、繁殖等进行干扰，减轻或避免危害。物理防治往往与农业防治结合进行，不能截然分开。

1. 土壤消毒 土壤高温消毒可以杀死土壤中有害的生物，具有灭菌、消灭虫卵和害虫的作用。夏季高温季节的空茬期，深耕土地，并覆盖地膜，利用高温进行表层土消毒，通常处理 7～10 天即可杀死土表病菌和虫卵。秋冬季节深耕土地，利用害虫休眠习性，在寒冷天气冻伤、冻死越冬虫卵及病菌。此外，还可烧掉路、沟、井渠、田旁及村庄空闲地的杂草，利用臭氧发生器防治病虫害。

2. 种子消毒 进行温汤浸种或热水烫种，利用高温消毒灭菌，可以防治种传病害，如枯萎病、菌核病、疫病、灰霉病、炭疽病等。播种前利用药剂进行种子消毒处理，杀死种子携带的病菌、虫卵等。

3. 覆盖防虫网 在棚室通风口或门窗处覆盖防虫网，防止昆虫飞入，对减轻虫害及由昆虫传播的病害有重要作用，而且可以起到遮阴、降温作用。

4. 利用害虫趋避性　昆虫对外界刺激会表现出一定的趋性或避性反应，利用这一特点进行诱杀，减少虫源或驱避害虫。利用蚜虫、温室白粉虱的趋黄性，在田间设置黄板或在棚室通风口挂黄色黏着条诱杀蚜虫及白粉虱；银灰色反光膜的反射光中带有红外线，对蚜虫有驱避作用，因此可应用银灰色反光膜防治蚜虫；在棚室内吊挂银灰色薄膜条或铝光膜条，在温室后墙上张挂铝反光膜，地面覆盖银灰色薄膜，不仅可以驱避蚜虫，还可改善温室内光照条件；此外，还可利用杀虫灯或者食饵诱杀害虫。

5. 综合防治　甘蓝高效栽培，对病虫害应采取综合防治措施。选用抗病抗虫品种；合理轮作和间作；保护天敌，大力提倡生态控制；注意通风排湿，降低空气湿度，创造有利于作物生长而不利于病害发生的生态环境；大力推广防虫网覆盖、黄板诱杀等物理防治技术，尽可能使用微生物农药或植物制剂农药。使用农药时，要根据所防治病虫害的种类选用合适的农药类型或剂型，使用前充分了解农药的性能和使用方法，科学地选择施药方式、时间、浓度和剂量，严格控制农药的安全间隔期，并加强病虫害预测预报，做到早期防治。

二、虫害及防治

（一）菜　青　虫

1. 危害特点　菜青虫属鳞翅目粉蝶科，分布于全国各地，是十字花科蔬菜上最常见的害虫，尤以甘蓝、花椰菜、芥蓝等受害比较严重。幼虫二龄前仅啃食叶肉，留下一层透明表皮，三龄后蚕食叶片呈孔洞或缺刻，严重时叶片只残留粗叶脉和叶柄，三龄后转至叶面蚕食，四至五龄幼虫的取食量占整个幼虫期取食量的97%。菜青虫取食时，边取食边排出粪便污染菜叶和菜心，使蔬菜品质变劣，并可导致软腐病发生。菜青虫1年发生多代，有春、秋 2 个高峰期。在菜地附近的树干、杂草残株等处以蛹越冬，翌年 4 月初开始陆续羽化。成虫是菜粉蝶，主要吸食花蜜，产卵时对芥子油有趋性，故卵多产在十字花科蔬菜上，尤以甘蓝和花椰菜上最为严重。卵期 4～8 天，孵化幼虫危害蔬菜，幼虫在菜叶上化蛹。

2. 防治方法

（1）**农业防治**　收获后及时清除田间残株败叶，结合冬耕深翻土壤，冻死土壤中越冬的虫蛹。人工捕捉幼虫、蛹及成虫。

（2）**物理防治**　设施栽培覆盖防虫网，可有效防治菜青虫、蚜虫危害。

（3）**生物防治**　注意保护天敌。菜青虫的天敌种类很多，寄生蛹的有金小蜂、广大腿蜂；寄生幼虫的有黄绒茧蜂；寄生卵的有广赤眼蜂。还有捕食性的猎蝽、胡蜂；寄生性的细菌、真菌、病毒。可用 0.2% 菜青虫体液水溶液防治菜青虫，具体方法是每 667 米^2 用 0.1 千克菜青虫，捣烂，兑水 250 毫升，加洗衣粉 0.05 千克拌匀，再兑水 50 升喷雾，防治效果可达 90% 以上。

（4）**药剂防治**

①化学药剂防治　菜青虫的田间卵生期和幼虫孵化期药剂防治效果最好。可用 2% 阿维菌素乳油 800～1 000 倍液，或 50% 杀螟丹可溶性粉剂 1 000 倍液，或 2.5% 溴氰菊酯乳油 3 000 倍液喷施，每隔 7～10 天喷 1 次，连续喷施 2～3 次。注意药剂交替使用，以免产生抗药性。

②植物药剂防治　新鲜黄瓜蔓 1 千克，加少许水捣烂，滤去残渣，用汁液加 3 倍水喷洒，可防治菜青虫。也可用新鲜红辣椒 0.5 千克，捣烂加水 5 升，加热煮 1 小时，取其滤液喷洒，可防治菜青虫。

（二）小　菜　蛾

1. 危害特点　小菜蛾又名小青虫、吊丝虫、两头尖等，属鳞翅目菜蛾科，是世界性迁飞害虫，主要危害十字花科蔬菜，是甘蓝、花椰菜和绿菜花的主要害虫。初龄幼虫取食叶肉，幼虫在叶片上下表皮之间潜食叶肉，造成细小隧道。二龄幼虫除吃叶肉外，叶片下表皮也常被吃掉，只剩上表皮，俗称"开天窗"。三至四龄幼虫可将菜叶食成孔洞和缺刻，严重时全叶被吃成网状。小菜蛾幼虫喜食嫩叶，所以蔬菜中心部位叶片受害最重，还危害留种株嫩茎、幼荚和籽粒，影响结实。小菜蛾每年发生 5～20 代，春、秋两季危害严重，以蛹形态越冬。成虫昼伏夜出，具有趋光性。每头雌虫产卵 200 粒左右，一般散产，少数产成卵块。幼虫活跃，遇到惊扰便扭动或倒退身体吐丝下垂，故称"吊死鬼"。幼虫共 4 龄，老熟幼虫在叶背面或枯草上做薄茧化蛹。

2. 防治方法

（1）**农业防治** 加强栽培管理，破坏小菜蛾成虫蜜源。选择抗虫品种，重施有机肥，增施磷、钾肥，提高蔬菜抗逆力。收获后清洁田园，蔬菜生长期及时清除枯枝落叶和杂草，破坏小菜蛾成虫食物来源，可消灭大量虫源。提早或推迟种植，避开虫害发生高峰期种植甘蓝，可减少虫害。实行轮作间作，破坏小菜蛾食物链，可与瓜类、茄果类、葱蒜类蔬菜等轮作。

（2）**药剂防治** 目前，小菜蛾对生产中常用的药剂都有不同程度的抗性，因此应实行轮换交替用药。重点保护幼苗和心叶，喷洒药剂时要注意小菜蛾幼虫聚集的叶背。可用 100 亿个孢子／克苏云金杆菌悬浮剂 250 倍液，或 1.8% 阿维菌素乳油 2 000 倍液，或 5% 氟啶脲乳油 1 000～2 000 倍液，或 5% 杀螟丹可溶性粉剂 1 500 倍液喷施。用 99% 杀螟丹原药 1 份与苏云金杆菌 9 份混合，兑水稀释成 250 倍液喷施，可防治小菜蛾幼虫。

（3）**物理防治** 每 667 米^{2}设置 8～10 个小菜蛾性诱芯诱盆，每个生长季放 1～2 次诱芯，可诱杀大量小菜蛾成虫，降低小菜蛾的发生危害。设施栽培覆盖防虫网，防止小菜蛾侵入。利用成虫的趋光性，在十字花科蔬菜生产集中区域设黑光灯诱杀成虫，一般每 10 000 米^{2}设 1～2 盏灯。

（三）甘蓝夜蛾

1. 危害特点 甘蓝夜蛾又名地蚕、夜盗虫、菜夜蛾等，属鳞翅目夜蛾科，我国各地均有发生，北方地区发生较严重。甘蓝夜蛾是多食性害虫，寄主广泛，以幼虫取食叶片。幼虫刚孵化时，取食叶肉，残留表皮呈纱网状。二至三龄后将叶片吃成孔洞或缺刻。大龄幼虫可钻入叶球危害，并排泄大量粪便，引起污染和腐烂。甘蓝夜蛾一般每年发生 2～4 代，春、秋两季发生量大。以蛹在土中越冬，蛹多数分布于寄主作物田间或田边杂草、土埂下，入土深度以 7～10 厘米处最多。越夏蛹期为 2 个月，越冬蛹期可达半年以上。成虫羽化后隔 1～2 天即可交尾产卵，总产卵量为 500～1 000 粒，最多可达 3 000 粒。成虫昼伏夜出，以夜间 9～11 时活动最盛，成虫对黑光灯及糖液的趋性强。卵孵化后，初孵幼虫集中在叶背取食，三龄以后则迁移分散，四龄以后白天多隐伏在心叶、叶背或寄主根部附近表土中，夜间出来取食，六龄幼虫老熟后入土吐丝，筑成带土的粗茧，在茧内化蛹。

2. 防治方法

（1）**农业防治** 及时清除田间杂草，采取秋翻冬耕等措施消灭越冬蛹。结合田间管理，摘除卵块及初孵幼虫食害的叶片，可消灭大量的卵和初孵幼虫。

（2）**物理防治** 利用成虫的趋光性和趋化性，在羽化期设置黑光灯或糖醋诱液盆诱杀。诱液配制糖、醋、酒、水比例为 10∶1∶1∶8 或 6∶3∶1∶10，再加少量敌百虫。

（3）**药剂防治** 掌握在三龄前幼虫较集中、抗药性弱的有利时机进行化学药剂防治。可用 90% 晶体敌百虫 1 000～1 500 倍液，或 5% 氟虫脲乳油 4 000 倍液，或 20% 虫酰肼悬浮剂 1 000～2 000 倍液喷雾，交替用农药，以防产生抗药性。

（4）生物防治　卵寄生蜂有广赤眼蜂、拟澳赤眼蜂等，幼虫期寄生蜂有甘蓝夜蛾拟瘦姬蜂、黏虫白星姬蜂、银纹夜蛾多胚跳小蜂等，蛹期有广大腿小蜂等。捕食性天敌步甲、虎甲、蚂蚁、马蜂、蜘蛛等在幼虫期也有较大作用。一般在幼虫三龄前施用细菌杀虫剂，如苏云金杆菌喷雾防治。还可在卵期人工释放赤眼蜂，每 667 米^2 设 6～8 个点，每次每点放 2 000～3 000 头，每隔 5 天放 1 次，连续放 2～3 次。

（四）蚜　虫

1. 危害特点　蚜虫种类多，繁殖快，是蔬菜栽培中发生量最大、危害期最长的害虫。蚜虫以刺吸式口器吸食汁液，可造成叶片蜷缩变形，植株生长停滞；分泌的蜜露使叶片发生杂菌，影响植株光合作用，导致植株矮小，甚至不能进行正常的生殖生长；还可传播病毒，是多种病毒病的传播媒介。蚜虫是异态交替繁殖类型，在生长季节进行 10～20 多代的孤雌胎生，到冬季来临时产生雄蚜，进行两性生殖，产生受精卵越冬。生长季中若要在寄主之间迁移时，产生有翅蚜。桃蚜在南方地区每年发生多达 30～40 代，以孤雌胎生雌蚜在蔬菜上危害，没有明显的越冬滞育现象。在北方地区桃蚜冬天以卵在桃、李、杏等果树上或以无翅蚜形态在温室内越冬，翌年春天卵孵化后在原寄主上繁殖 1～2 代后形成有翅蚜迁飞到春种十字花科蔬菜幼苗或采种株上危害。10 月份又以有翅蚜形态迁回果树产卵越冬；萝卜蚜基本上是孤雌生殖，很少有越冬卵。在 5～6 月份发生较重，秋季危害大白菜和萝卜，10 月中下旬繁殖最盛，晚秋田间也出现少量的有性蚜和卵；甘蓝蚜终年生活在 1 种或多种近缘寄主上以卵越冬，在温室内可以不产卵连续繁殖。越冬卵 4 月份孵化，5 月中旬产生有翅蚜迁飞到新寄主上危害，10 月初产生雄蚜进行有性生殖，产生受精卵越冬。在温暖地区可以连续孤雌胎生繁殖而不产越冬卵，在温带以北地区 1 年发生 8～9 代，在较温暖地区可发生 10 多代。

2. 防治方法

（1）**农业防治**　合理规划田园，一般蔬菜田应远离果园，以减少蚜虫的迁入。合理安排栽培茬口，尽量避免连作，韭菜等一些植物挥发出的气味对蚜虫有驱避作用，可以利用韭菜与甘蓝搭配种植，以有效降低蚜虫的虫口密度。生产上宜选用抗虫品种，及时清洁田园，消灭虫源。越冬蚜虫寄主地块要在春季蚜虫尚未迁移时，及时用药防治。在设施栽培面积较大的地区，蚜虫发生危害时要及时消灭，防止越冬蚜虫迁飞。露地栽培可以利用设施育苗或适当提早播种，使蚜虫大发生期在植株长大以后，以减轻蚜虫的危害。

（2）**物理防治**

①银灰膜避蚜　银灰色对蚜虫有较好的驱避作用，露地栽培可在畦间挂银灰色塑料带，温室大棚棚室栽培可在通风口悬挂银灰色塑料条避蚜，一般薄膜条宽 10～15 厘米，每 667 米^{2}需要银灰色薄膜 1.5 千克。也可用银灰色地膜进行田间覆盖，每 667 米^{2}需要银灰色薄膜 5 千克左右。

②黄板诱蚜　利用有翅蚜对黄色的趋性，可在黄板上涂抹 10 号机油或凡士林等，诱杀有翅蚜虫。悬挂方向以板面朝东西方向为宜，胶板垂直底边距离植株 15～20 厘米，待黄色板诱满蚜虫时应及时更换。一般预防期每 667 米^{2}悬挂 1.5～2 米^{2}为宜，即 20 厘米×30 厘米的黄板 20～35 片；害虫发生期，每 667 米^{2}悬挂 20 厘米×30 厘米的黄板 45 片以上；用于监测时，每 667 米^{2}标准棚悬挂 5 片黄板。市面上销售的黄板规格有 20 厘米×30 厘米、25 厘米×30 厘米、30 厘米×40 厘米、24 厘米×18 厘米等，生产中可以根据实际需要选择。黄板还可诱杀烟粉虱、白粉虱、黄曲条跳甲、潜叶蝇、蓟马、斑潜蝇及多种双翅目害虫。

③使用防虫网　在有翅蚜大发生时期育苗，播种后可以在育

苗畦上覆盖 40～45 目银灰色或白色纱网，以减轻蚜虫危害；日光温室或大棚通风口最好覆盖防虫网，以防有翅蚜迁飞危害。

（3）药剂防治

①化学药剂防治 可用 50% 抗蚜威可湿性粉剂 2 000 倍液，或 10% 吡虫啉可湿性粉剂 1 000～2 000 倍液，或 1.8% 阿维菌素乳油 3 000 倍液，或 5% 啶虫脒乳油 3 000 倍液喷雾，每隔 7～10 天喷 1 次，连续喷 2～3 次。采收前 7 天停止用药。

②植物药剂防治 植物杀虫剂具有杀虫、抗虫、驱虫等多种功效，并且无残留，既对蔬菜无药害，又对人体无伤害。可用 1 千克干烟叶加水 30 升浸泡 24 小时，过滤后喷施；橘皮 1 千克、辣椒 0.5 千克捣碎，与 10 升清水煮沸，浸泡 24 小时，过滤后喷施；桃叶浸于水中 24 小时，加少量石灰，过滤后喷洒；1 千克柳叶捣烂，加水 3 倍，泡 1～2 天，过滤后喷施；1 千克大蒜捣烂，加等量水，过滤后的原液加水 50 倍喷雾；洋葱鳞茎片 0.2 千克，浸于 10 升温水中，4～5 天后过滤喷施。

（4）生物防治 保护和利用天敌。常见蚜虫天敌有六斑月瓢虫、七星瓢虫、十三星瓢虫、大绿食蚜蝇、食蚜瘿蚊、普通草蛉、小花蝽等，寄生性天敌有蚜茧蜂等，微生物天敌有蚜霉菌等。可人工饲养繁殖草蛉、瓢虫等蚜虫天敌释放田间。在使用化学农药时，应与保护天敌相互协调，在主要天敌繁殖季节，选择低毒农药喷洒并尽量减少用药次数，发挥自然天敌控制蚜虫的作用。

（五）菜 螟

1. 危害特点 菜螟又称菜心野螟、甘蓝螟、白菜螟、吃心虫等，属鳞翅目钻蛀性害虫，主要危害十字花科白菜类。幼虫危害甘蓝幼苗期心叶和茎髓，受害幼苗因生长点被破坏而停止生长或萎蔫死亡。幼虫在心叶中排出的潮湿粪便，使甘蓝不能正常包心结球，并能传播软腐病，导致腐烂甚至死亡。菜螟适于高温低湿环境，夏季雨水偏多时发生危害较轻。初孵幼虫潜叶危害，三龄吐丝缀合心叶，藏身其中取食危害，四至五龄可由心叶、叶柄蛀入茎髓危害。幼虫有吐丝下垂及转叶危害习性，老熟幼虫多在菜根附近土面或土内做茧化蛹。成虫昼伏夜出，稍具趋光性，产卵于叶、茎，尤以心叶产卵量最多。

2. 防治方法

（1）农业防治　避免与十字花科蔬菜连作。春耕翻土，清洁田园，以减少虫源。适当调整播种期，使幼苗期错开菜螟盛发期。在菜螟发生期，适当浇水，增加田间湿度，可抑制害虫发生。

（2）物理防治　及时拔除虫苗。根据幼虫群聚危害特点进行人工除虫。

（3）药剂防治　菜螟有钻蛀习性，防治比较困难。幼龄期危害叶片与心叶，掌握在卵孵化期防治效果较好。幼虫孵化盛期或初见心叶被害和有丝网时，施药 2～3 次，注意将药喷到菜心上。可用 50%辛硫磷乳油 1 000 倍液，或 90%晶体敌百虫 1 000 倍液，或 80%敌敌畏乳油 1 000～1 500 倍液喷雾防治。

（六）菜　蝽

1. 危害特点　菜蝽属半翅目，又名河北菜蝽，主要危害十字花科蔬菜。成虫和若虫刺吸汁液，尤喜刺吸嫩芽、嫩茎、嫩叶，被刺处留下黄白色至微黑色斑点。子叶期受害幼苗萎蔫甚至枯死，花期受害则不能结荚或籽粒不饱满。此外，还可传播软腐病。因种类和发生区域而异，每年发生 1～2 代或 2～3 代。成虫多在田间、土缝、落叶枯草中越冬，3 月下旬至 4 月份开始活动，4 月下旬至 5 月份开始交尾产卵，5～9 月份是成虫、若虫的主要危害时期。雌成虫多于夜间产卵于叶面，单层成块。成虫和若虫用其刺吸式口器吸取植物汁液，子叶、嫩叶、嫩茎受害后变黄枯死，受害植株多生长不良、发育延迟。

2. 防治方法

（1）农业防治　清洁田园，清除残株落叶，铲除菜地周围十字花科杂草。在产卵盛期，可人工摘除卵块。

（2）**药剂防治**　重点防治成虫和一龄、二龄若虫。可选用 90% 晶体敌百虫 1 000～1 500 倍液，或 2.5% 溴氰菊酯乳油 3 000～4 000 倍液，或 20% 氰戊菊酯乳油 3 000～4 000 倍液喷施防治。

（七）蛞蝓

1. 危害特点　蛞蝓为腹足纲蛞蝓科，别名鼻涕虫，是一种食性复杂、食量较大的害虫，以幼虫和成虫危害。主要危害幼苗、嫩叶和嫩茎，可将叶片吃成孔洞或缺刻，咬断嫩茎和生长点，使整株枯死。蛞蝓危害叶球的同时，排泄粪便、分泌黏液污染蔬菜，引起腐烂，降低品质，影响商品价值。在适宜条件下 1 年发生 2～6 代，一般 5～7 月份产卵，卵从孵化至性成熟约 55 天，以成虫或幼虫在作物根部湿土下冬眠越冬，春季危害，夏季活动减弱，秋季复出危害。雌雄同体、异体受精，亦可同体受精繁殖，卵多产于湿度大、隐蔽的土缝中。蛞蝓主要是夜间活动，夜间 10～11 时达高峰，清晨之前又陆续潜入土中或隐蔽处，怕光照，日出隐蔽，夜出取食。喜阴暗潮湿环境，高温、干旱或田间积水时则生长受抑制或死亡，阴暗潮湿环境易大发生。

2. 防治方法

（1）**农业防治**　秋冬季节深翻地可冻死一部分越冬害虫。清洁田园，及时中耕，田间有积水立刻排出。地膜覆盖可抑制蛞蝓活动，减少危害。

（2）**物理防治**　在发病重的田间堆积树叶、杂草、菜叶等蛞蝓喜食的食物诱集害虫，白天人工捕杀。

（3）**药剂防治**　一般防治蛞蝓的化学药剂毒性较大，不适合甘蓝优质安全栽培要求，生产中应采取危害小的防治办法，可在棚室前底角或植株行间撒生石灰，蛞蝓粘到生石灰后即死亡。可在清晨用 1% 食盐水喷雾，也有一定的防治效果。

三、侵染性病害及防治

（一）猝倒病

1. 危害特点　猝倒病俗称倒苗、霉根、小脚瘟，主要由瓜果腐霉属鞭毛菌亚门真菌侵染所致，刺腐霉及疫霉属的一些种也能引起发病。猝倒病为土传病害，种子萌芽后至幼苗出土前受害，造成烂种、烂芽。幼苗染病初期可看见近于表土处的茎基部出现水渍状病斑，病部缢缩成线状，迅速扩展绕茎1周，幼苗倒伏枯死，湿度大时病部密生白色绵状霉。发病初期，只有少数幼苗发病，以此为中心逐渐向外扩展蔓延，导致幼苗成片倒伏死亡。

2. 发病规律　病原菌可在土壤中长期存活，以卵孢子或菌丝在土壤中及病残体上越冬。病菌主要靠雨水、喷淋等传播，带菌的有机肥和农具也能传病，由卵孢子和孢子囊从苗基部侵染发病。低温高湿、光照不足、土壤中有机质多、施用未腐熟的粪肥，或播种过密、秧苗徒长、受冻，均有利于发病，尤其是早春苗床温度低、湿度大时发病严重。

3. 防治方法

（1）合理选择苗床　选择地势高燥、排灌方便、土壤肥沃、透气性好的无病地块。播种前苗床要充分翻晒并进行消毒处理，每平方米苗床可用50%多菌灵可湿性粉剂10克，加细土5千克，混合均匀制成药土，播种时取2/3药土作垫层，播种后将余下的1/3药土作为覆盖层。

（2）种子消毒　播种前可采取温汤浸种方法进行种子消毒，也可用种子重量0.3%的65%代森锌可湿性粉剂拌种。种子消毒后进行催芽播种，以缩短种子在土壤中的时间，降低病害的发生。

（3）加强管理培育壮苗　采用电热温床育苗，促进根系发育，提高幼苗抗逆性。幼苗出土后逐渐覆土，避免出现低温、高湿现象。加强中耕，以减轻苗床湿度、提高床土温度。幼苗长到2～3片真叶时进行分苗，最好用营养钵分苗，分苗后适当控水，并分次覆土。发现病苗后及时拔除病苗并深埋，再用药土撒苗床消毒。浇水后在苗床上撒少量干土或草木灰，以降低床土湿度。一旦幼苗发病应及时把病苗和邻近病土清除，尽快采取措施提高床土温度、降低床土湿度，并尽早分苗。

（4）**药剂防治** 发病初期可用75%百菌清可湿性粉剂1000倍液，或70%代森锰锌可湿性粉剂500倍液，或50%福美双可湿性粉剂500倍液，或36%甲基硫菌灵悬浮剂500倍液喷洒，控制病情蔓延，每7天喷1次，连喷2～3次。注意喷洒幼苗嫩茎和发病中心附近病土，药剂交替使用效果更佳。

（二）立 枯 病

1. 危害特点 立枯病又称死苗，由半知菌亚门真菌侵染引起，是危害甘蓝的重要苗期病害。主要危害幼苗茎基部或地下根部，幼苗根颈部变黑或缢缩，数天内即见叶片萎蔫、干枯，继而整株死亡。

2. 发病规律 以菌丝体和菌核在土壤中越冬，可在土中腐生2～3年，通过雨水、喷淋、带菌有机肥及农具等传播，病菌发育适宜温度20～24℃。刚出土的幼苗及大苗均能受害，一般多在育苗中后期发生。苗期床温高、播种过密、浇水过多、施用未腐熟有机肥、间苗不及时、徒长等均易诱发本病。

3. 防治方法

（1）**农业防治** 避免连作，合理轮作；低温季节选择地势较高、排水良好的地块作苗床；施用充分腐熟的有机肥；播种不能过密；苗床温湿度要调控适宜。

（2）**苗床消毒** 每平方米用40%甲醛40毫升兑水100～300毫升浇土，用薄膜覆盖4～6天后揭去，再过14天后播种；每平方米用50%多菌灵可湿性粉剂按8～10克与干细土10～15

千克拌匀制成药土，1/2作床土，1/2作种子覆土；用98%噁霉灵可湿性粉剂2 500倍液喷施苗床进行消毒。

（3）**药剂防治**　可用75%百菌清可湿性粉剂600倍液，或50%多菌灵可湿性粉剂600～800倍液，或36%甲基硫菌灵悬浮剂500倍液喷施，每隔7天喷1次，连续喷2～3次。

（三）病　毒　病

1. 危害特点　主要由芜菁花叶病毒的侵染引起，次要病原有黄瓜花叶病毒和烟草花叶病毒。生长期的各个阶段均可发生，不同时期受侵染表现的症状不同。幼苗受害叶片上初期出现褐绿色病斑，轻微花叶，后期叶片皱缩，影响幼苗正常生长。成株受害，轻者老叶背面有黑色的坏死斑，严重者叶面皱缩，叶脉坏死，植株矮化，结球迟缓，植株停止生长或死亡。种株发病，常在开花前萎缩死亡，或花梗弯曲畸形，结实少而瘦小。

2. 发病规律　病毒在寄主体内越冬，翌年春天由蚜虫传播。一般在高温干旱条件下发病重，尤其是土壤温度高时更易发病，而且高温还会缩短病毒潜育期。在蚜虫发生高峰期，植株处于苗期，再加上栽培管理粗放、通风不良、土壤干旱、缺肥时发病较重。

3. 防治方法

（1）**农业防治**　调整蔬菜种植布局，合理间、套、轮作，避免与十字花科作物连作。适期早播，避开高温及蚜虫大发生期，尽可能把传毒蚜虫消灭在毒源植物上。选用抗病品种，培育壮苗。加强田间管理，适时浇水、追肥，农事操作时注意减少对植株的伤害。

（2）**种子消毒**　种子经78℃干热处理48小时可去除种子携带的病毒；用10%磷酸三钠溶液浸种20分钟，用清水洗净后播种。

（3）**药剂防治**　发病初期可喷施5%菌毒清水剂500倍液，

或 0.5% 菇类蛋白多糖水剂 300 倍液，或 10% 混合脂肪酸水剂 100 倍液，每隔 7～10 天喷 1 次，连续喷 3～4 次。采收前 7 天停止用药。

（四）软 腐 病

1. 危害特点 软腐病由欧文氏杆菌属的细菌侵染所致。该病主要危害叶片、叶球及球茎。叶片受害会在叶基部出现水渍状斑，数天后病部开始腐烂，叶柄或根颈基部组织呈灰褐色软腐，严重时全株腐烂，病部散发出恶臭味。

2. 发病规律 软腐病菌主要在病株和病残体组织中越冬。田间发病植株、带病采种株、土壤中及堆肥里的病残体上均存在大量病菌。病原菌借风雨、灌溉水及昆虫传播，从伤口侵入致病。栽培季节高温多雨，栽培地块地势低洼、排水不良或过量施用氮肥，有利于该病的发生和流行。

3. 防治方法

（1）农业防治 选用抗病品种，合理安排栽培茬次，与非十字花科作物实行 3 年以上轮作。提早耕翻整地，提高肥力和地温，减少病菌来源。采用垄作或高畦栽培，以利于排水防涝。适当晚播，避开高温高湿季节育苗。播前施足基肥，及时定苗，淘汰病株，合理密植，改善田间通风透光条件。发现病株及时连根拔除，并将其深埋，病穴用石灰消毒。

（2）药剂防治 发病初期用72% 新植霉素可湿性粉剂3000～4000 倍液，或 50% 福美双可湿性粉剂 500 倍液喷施防治，每隔 7～10 天喷 1 次，连续喷施 3～4 次。

（五）黑 腐 病

1. 危害特点 黑腐病病原菌为黄单胞杆菌属的细菌，主要危害叶片，也侵害叶球或球茎，是甘蓝类蔬菜的主要病害之一，各生育期均可发生。幼苗出土前可引起烂种；苗期子叶受害呈水渍状，致使植株迅速枯死或蔓延到真叶；成株期发病多危害叶片，病菌由水孔侵入引起叶缘发病，受害初期可引起叶斑和黑脉，然后从叶缘开始向内形成"V"形，黑褐色病斑，病斑边缘具黄色晕环，病害严重时可致全叶枯死，外叶局部或全部腐烂。根茎部受害时可导致维管束变黑，病菌通过茎部维管束进一步蔓延到短缩茎、叶球，使外部叶片变黄直至萎蔫枯死，病株虽腐烂，但没有臭味。病菌从果柄维管束进入角果，或从种脐侵入种子内部，造成种子带菌。

2. 发病规律　病原菌可在种子、病残体或留种株上越冬，随种子、带菌堆肥、病苗、灌溉水、风雨及农事操作等传播。病原菌生长适温25～30℃，温度51℃经10分钟致死，生产中可以通过温汤浸种的方法杀死种子表面的病原菌。高温高湿、多雨露重天气利于病菌侵入和病害流行，与十字花科蔬菜连作、施用未腐熟有机肥、偏施氮肥、植株徒长或早衰及虫害重时病害发生较重。

3. 防治方法

（1）农业防治　选用抗病品种，适时播种，与非十字花科蔬菜实行2～3年及以上轮作。实行配方施肥，忌偏施、过施氮肥，增施磷、钾肥。合理密植，采取高畦栽培，发现病株及时拔除，并用20%石灰水消毒病穴。加强田间管理，注意田间卫生，及时清除病残物，减少菌源。早期注意防治地下害虫，减少虫伤。

（2）种子处理　采取温汤浸种方法处理种子，或用种子重量0.5%的50%福美双可湿性粉剂拌种处理。

（3）药剂防治　为降低病害发生应在植株整个生育期防治菜青虫、小菜蛾等害虫，以减少病菌入侵伤口。发病初期及时喷洒45%代森铵水剂900倍液，或77%氢氧化铜可湿性粉剂500倍液，或50%异菌脲可湿性粉剂1000倍液，或50%多菌灵可湿性粉剂500倍液，每隔7～10天喷1次，连续防治3～4次，重点喷洒病株基部及近地表处。

（六）霜 霉 病

1. 危害特点　十字花科霜霉病其病原为寄生霜霉菌，属鞭毛菌亚门霜霉菌属。主要危害甘蓝叶片，表现为叶片正面初现不规则淡绿色褪黄斑点，天气潮湿时叶片背面则现白色霉状物。随着病情的发展，病斑扩大因受叶脉限制而呈多角形黄色至黄褐色枯斑，数个病斑常互相融合为枯黄斑块，终致叶片干枯。茎、花梗、花器和种荚受霜霉病菌侵染后会表现为肥胖、弯曲畸形。潮湿时，病部表面也现白色霉状物病症。侵染根部表现为灰黄色至灰褐色斑痕。

2. 发病规律　北方地区春季发病较秋季重，南方地区冬、春两季普遍发生。北方病菌以卵孢子在土壤里或田间病残体内越冬，或以菌丝在病组织内越冬，卵孢子和由休眠菌丝产生的孢子囊借流水、风雨或农具传播到寄主上。15～24℃且高湿度条件下有利于发病，在25℃以上高温条件下病害趋于停止，播种过早、密植、连作、土壤缺肥或生育期偏施氮肥也有利于病害发生。

3. 防治方法

（1）农业防治　与非十字花科蔬菜隔年轮作，有条件的可实行水旱轮作，低湿地块宜选取高畦栽培。选用抗病品种，种子播前采取药剂消毒杀灭病菌。合理密植，实行配方施肥，加强肥水管理，增强植株抗病力。收获后彻底清除病株残叶，并翻耕土地，减少田间的病菌来源。

（2）药剂防治　播前用25%甲霜灵可湿性粉剂拌种，用量为种子重量的0.3%。发病初期喷洒75%百菌清可湿性粉剂500～800倍液，或1∶2∶300波尔多液，或72.2%霜霉威盐酸盐水剂700倍液，每隔7～10天喷1次，共喷2～3次。

（七）炭 疽 病

1. 危害特点　甘蓝炭疽病是叶部病害之一，主要在苗期和生长前期发生危害。发病初期叶片染病，初生苍白色或褪绿水渍状小点，后扩大为灰褐色至灰白色稍凹陷的圆斑，病斑直径一般为1～2毫米。后期呈浅灰褐至灰白色半透明病斑，易破裂穿孔。主脉及叶柄受害，多形成长椭圆形至长梭形灰褐色至暗褐色病斑，并显著凹陷。严重时，病斑连成片，叶片枯黄。

2. 发病规律 病菌发育温度10～38℃，适宜温度26～30℃，以分生孢子借风和雨、浇水飞溅传播，高温多雨是引起发病的重要条件，7～9月份发病较重。此外，地势低洼、田间积水、种植密度过大、管理粗放、植株生长弱的地块发病重。

3. 防治方法

（1）农业防治 与非十字花科作物轮作；清洁田园，及时清除病株残体。播种前进行种子消毒，可采取温汤浸种或药剂拌种（用种子重量0.4%的50%多菌灵可湿性粉剂拌）。调整播期，使苗期和莲座期避开高温多雨季节。合理密植，增强植物间通透性。露地栽培选择排灌良好的地块种植，降雨后及时排水，避免田间积水。合理施肥，增施磷、钾肥，并注意施用微肥，以增强植株抗病力。

（2）药剂防治 发病初期用70%甲基硫菌灵可湿性粉剂800倍液，或80%福·福锌可湿性粉剂800倍液，或25%溴菌腈可湿性粉剂600～800倍液，或25%咪鲜胺可湿性粉剂1000倍液喷雾防治，每隔7～10天喷1次，视病情连喷2～3次。

（八）根 肿 病

1. 危害特点 根肿病属土传病害，主要侵染植株地下根部，甘蓝苗期即可受害，严重时小苗枯死。染病后植株地上部萎蔫，叶片变黄，使根部生长不良，拔出后可见根部出现纺锤形或不规则状肿大的瘤状物。初期瘤表面光滑，后期龟裂、变粗糙，极易遭受其他病菌的侵染而腐烂。

2. 发病规律 病原菌主要以休眠孢子囊随病原体在土壤中

越冬，条件适宜时通过灌溉水、雨水、农具以及病残体堆肥等在田间传播。病菌喜欢温暖潮湿环境，发病适温 19～25℃，在酸性（pH 值 5.4～6.5）条件下发病重，大水漫灌的地块容易发病，连作地块比轮作地块发病重，雨天定植或定植不久降雨有利于发病。

3. 防治方法

（1）**农业防治**　重病地与十字花科蔬菜进行 4～6 年及以上轮作。发病地区用无病地块做苗床，育苗前进行床土消毒。选择晴天定植，采取高畦栽培，雨后及时排除田间积水；合理施肥，施用充分腐熟有机肥。田间发现病株及时拔除，并在病穴四周撒生石灰消毒。

（2）**药剂防治**　发病初期用 72.2% 霜霉威水剂 600 倍液，或 25% 噻枯唑可湿性粉剂或 45% 代森铵水剂 900～1 000 倍液灌根，每穴用药液 0.25～0.5 千克，有明显效果。

四、生理性病害及防治

（一）结球松散或不结球

1. 危害症状　露地栽培秋甘蓝，易出现结球松散甚至不结球现象，严重影响产量和经济效益。

2. 发生原因

（1）**品种不纯**　栽培品种混杂导致包球不实。甘蓝与其变种间极易发生杂交，在育种过程中未采取有效的隔离措施，容易产生杂交种，杂交种长成的植株一般不结球。

（2）**定植时期不适宜**　甘蓝在温、光条件不适宜时，容易发生不结球或结球松散的现象，如结球期温度在 25℃以上或遇到长时间阴雨天，使光照不足，叶片光合同化物质积累少。露地秋甘蓝播种过早会导致结球期环境条件不适宜，影响叶球形成。

（3）**栽培管理粗放**　肥水条件差或土壤水分过多、土壤通气不良，均可能出现不结球或结球松散现象。在苗期徒长或控苗过度形成老化苗，也会导致结球不实。

（4）**病虫害影响**　害虫咬断植株生长点导致植株不能结球；叶片受害虫危害导致莲座叶面积过小，或病毒病、黑腐病等病害引起叶片萎缩，由于叶片光合作用减弱，使叶球松散或不结球。

3. 防止措施

（1）**选用纯正种子**　甘蓝制种时必须隔离，防止天然杂交；易相互杂交的变种、品种间需进行严格隔离。

（2）**适期播种**　不同地理位置和海拔高度，其播种和定植期也不相同，生产中应根据栽培地区的特点确定适宜的播种和定植期。

（3）**科学施肥**　施足基肥，多次追肥，特别是在莲座叶生长期及结球期要有充足的肥水供给。注意氮、磷、钾肥配合施用，还要注意施用钙、硼等微肥。选择含钙多的土壤种植，基肥多用有机肥，增施钾肥等是防止结球松散的有效措施。

（4）**加强病虫害防治**　从播种到采收都要注意及时防治病虫害。

（二）裂　球

1. 危害症状　甘蓝结球后，叶球组织脆嫩，细胞柔韧性小，如果栽培环境不适宜，尤其是土壤水分不均衡，就容易出现叶球开裂现象，常见的是叶球顶部开裂，有时侧面也开裂，轻者仅叶球外面几层叶片开裂，重者开裂可深至短缩茎。甘蓝裂球不但影响外观质量，降低叶球的商品性，而且还容易感染病菌而导致腐烂。

2. 发生原因　①在叶球形成过程中，遇到高温及水分过多的环境，致使叶球外侧叶片已充分成熟，而内部叶片继续再生长，外部叶片承受不住内部叶片生长的压力而导致叶球开裂。

②栽培季节与品种熟性不同引起。一般甘蓝早熟品种在春季生长成熟后，或早中熟品种在秋冬栽培时，定植过早而不及时采收可导致裂球，晚熟品种相对早中熟品种而言不太容易出现裂球现象。③品种特性与不同球形引起。甘蓝不同品种抗裂球的能力不同，不同球形出现裂球现象的概率也不相同，一般尖头类型品种不易裂球，平头类型品种易裂球。

3. 防止措施　①在容易出现裂球的栽培茬口，选择抗裂球的尖头类型品种栽培。②当甘蓝叶球抱合紧实时及时采收，尤其是叶球成熟期在雨季时要在叶球抱合达到七八成时开始采收，陆续上市，防止暴雨过后导致大面积叶球开裂。其他季节栽培甘蓝要注意合理安排定植时期。在甘蓝成熟期，如果田间有裂球现象发生，即使叶球未达到完全成熟，也要立刻采收。③收获前不要肥水过大，尤其要注意水分的均衡供应，避免由于水分过大出现裂球。选择地势平坦、排灌方便、土质肥沃的土壤种植甘蓝。

（三）未熟抽薹

1. 危害症状　甘蓝属于绿体春化型蔬菜，当植株达到一定大小时遇到适宜的温度条件通过春化阶段，在长日照条件下抽薹开花。早熟春甘蓝未熟抽薹指在春季栽培结球甘蓝时，植株遇到一定的低温条件，或在幼苗期通过了春化阶段，一旦遇到长日照条件，植株出现抽薹开花现象。

2. 发生原因

（1）播种和定植期不适宜　结球春甘蓝品种在不同地区播种时期也不同，播种过早，定植时幼苗营养体达到春化标准，植株就容易感受低温，通过春化阶段，导致未熟抽薹；播期适宜，但幼苗定植过早，若遇到春季长期低温也会引起未熟抽薹现象发生。

（2）品种不适宜　春早熟栽培选择不适宜品种，会导致甘蓝未熟抽薹现象发生。例如，夏甘蓝品种春季栽培，因品种冬性弱，幼苗在较高温度条件下通过春化阶段而抽薹开花，导致减产甚至绝收。

（3）土壤条件　结球甘蓝在不同土壤上的生长是有差异的。沙性土壤栽培生长速度快，发生未熟抽薹率相对较高；黏性土壤栽培生长较慢，发生未熟抽薹率相对较低；在肥沃土壤中栽培，植株茎叶生长旺盛，即使花芽已形成，也可抑制其生殖生长，避免发生未熟抽薹现象。因此，栽培春甘蓝应根据不同土壤质地，选择适宜的定植时期，尽量保证植株生长期尤其是结球期的营养供应，保证植株能够正常形成产品器官，避免植株出现未熟抽薹现象。

3. 防止措施　①确定甘蓝适宜播种和定植时期，若春季栽培遇到倒春寒，要采取相应措施保温，可在植株上覆盖地膜，以保证植株能正常形成产品器官。②甘蓝定植缓苗后，要加强肥水管理，促进营养生长，防止过于干旱和缺肥而导致的未熟抽薹。春结球甘蓝栽培，如已经发生未熟抽薹，可切除顶芽，促使腋芽发育结小球，以减少损失。

（四）结　小　球

1. 症状表现　有些甘蓝植株生长前期，在植株营养体很小时就开始结球，叶球大小远远达不到本品种特征的要求，导致产量低，严重影响经济效益。

2. 发生原因　①播种期不合理，秋季播种过晚，生长后期气温过低，由于植株生长期太短，造成营养体过小，制造的光合产物过少，而导致叶球过小。②定植密度太小，单株营养面积不足，植株徒长。③栽培地块肥水不足，基肥太少或生长期未及时追肥，导致植株营养不足，叶片面积过小。

3. 防止措施　①选择优良品种，适期播种。②适期播种，加强苗期管理，培育适龄壮苗。定植前进行选苗，淘汰小苗、弱苗和病苗，最好采用营养土块或营养钵育苗。③选择疏松、肥沃的壤土栽培，定植前施足基肥，定植后适期松土、追肥。莲座期加强栽培管理，形成强大的营养体，为叶球高产奠定基础。植株开始现球后及时追肥，促使叶片和花球生长。④根据品种特性确定适宜的株行距，一般用于秋播的品种株行距要大于春播品种。

第六章
甘蓝贮藏与加工技术

一、贮藏方法

甘蓝球叶组织致密，含水量较少，又耐低温，是比较耐贮藏的蔬菜。在我国北方地区，秋季种植的中晚熟或晚熟品种大多可以进行冬藏。甘蓝贮藏适温为0℃左右，贮藏环境的空气相对湿度以80%左右为宜。用于贮藏的结球甘蓝，收获时将植株连根拔起，去掉根上的泥土，并保留部分外叶。收获后晾晒3～4天，即可进行贮藏。目前，常用的主要方法有假植贮藏法、窖藏法、冷风贮藏法和气调贮藏法。

（一）假植贮藏法

假植贮藏法是将结球甘蓝密集假植在沟或窖内，使其处于极其微弱的生长状态，但仍保持正常的新陈代谢过程。采取假植贮藏法，甘蓝在贮藏期继续从土壤中吸收一些水分和养分，不仅延长了贮期，还改进了产品的品质。假植贮藏适用于秋季因播种较晚而未完全包心或包心不够充实的结球甘蓝，将甘蓝连根拔起，囤在阳畦或设施内假植，该贮藏法待产品器官达到采收标准后进行采收。

具体方法：土壤封冻以前，在设施内做深60厘米、宽1.2～1.5米的畦。将甘蓝连根拔起，然后叶球朝上放到地里晾晒2天，待叶球的外叶开始出现萎蔫时，一棵紧靠一棵地排放整齐，根系覆土，浇水。待叶球生长充实饱满以后，即可及时采收上市。

甘蓝抗寒能力较强，可以短时间耐受 −5℃ 以下的低温，我国华北地区采用假植贮藏可让甘蓝在露地越冬。具体做法是在假植后 7～8 天，往甘蓝上覆盖 10 厘米左右厚的土；大雪节气前后进行第二次覆土、厚 12～14 厘米；冬至时进行最后 1 次覆土、厚 5～6 厘米。3 次共覆土 25 厘米厚，覆土要力求均匀。覆土太厚，菜会发热引起腐烂；太薄，菜又会受冻。采用这种方法可贮存 3 个月以上，能将晚熟秋甘蓝贮存至翌年春节上市。

（二）窖藏法

利用自然调温的方法，以尽量维持蔬菜所要求的贮藏温度。窖藏的特点是人员可以自由进出及时检查贮存情况，也便于调节窖内的温湿度，其贮藏效果稳定，风险性较小。可用于晚熟春甘蓝夏季贮藏，也可用于秋甘蓝冬季贮藏。

菜窖用砖木结构的半地下式窖或土坯结构的永久性窖。用作贮存的甘蓝收获前 2～3 天不要浇水，也不可雨后采收。贮藏前去掉老叶、黄叶、病虫叶及伤残叶，只保留叶球，要求叶球不可有机械损伤和虫害。甘蓝叶球在菜窖中既可以堆放，也可用筐或架贮放。贮藏期间窖内温度保持在 0～1℃，空气相对湿度保持 85%～90%。贮藏过程中，要定期检查，随时捡出腐烂株。此贮藏方法管理得好可贮存 3～4 个月。

（三）冷风贮藏法

冷风贮藏法是利用冷风贮藏库进行贮藏的一种方法。将收获后的甘蓝叶球预冷后装筐入库，码成通风垛。通过机械通风制冷使贮藏库内温度保持在 0～1℃，贮藏期间应定期进行检查和倒垛。

选择包心坚实的叶球，将根削平，留 1～2 层外叶，装入果蔬周转筐内，每筐放 2～3 层，贮藏适温 0～1℃、空气相对湿度 85%～95%。堆垛时"三离一隙"，即菜垛与冷风机距离大于 1.5

米，以防局部低温；堆垛与堆垛间距5～10厘米，墙与堆垛间距65厘米。贮藏期间加强温度管理，库内温度均匀保持在0～1℃。此贮藏法，甘蓝叶球新鲜度好，损耗率低，贮藏时间长且安全。

（四）气调贮藏法

气调贮藏法是利用蔬菜自身的呼吸作用，通过人工控制贮藏环境的气体组成成分和适宜低温，来达到保持蔬菜鲜嫩状态的目的。在密闭的环境中，由于新鲜蔬菜在不断地进行着呼吸作用，因而使环境中的氧气分压越来越少，而二氧化碳分压却越来越多，当达到一定的程度时就会明显地降低蔬菜的新陈代谢作用，使物质和能量消耗减缓，蔬菜的衰老速度变慢，使蔬菜能够较长时间保持幼嫩新鲜状态。同时，由于环境条件的改变，也在一定程度上减缓了腐败微生物的危害。但如果环境中的氧分压继续下降，二氧化碳分压继续升高时，则会导致蔬菜的缺氧呼吸，植物体内乙醇等有害物质不断积累，蔬菜产生生理损伤，使之失去正常的生理代谢功能，最后导致细胞死亡，使蔬菜腐烂变质，失去商品价值。所以，生产中控制适当的环境气体成分是气调贮藏成功的关键。

甘蓝气调贮藏，有气调库贮藏法、塑料薄膜帐贮藏法、塑料袋贮藏法等。在3～18℃、氧分压2%～5%、二氧化碳分压0～6%条件下，甘蓝叶球贮藏3～4个月不会出现失水、脱帮、抽薹和腐烂变质等问题。

二、加工技术

（一）脱水甘蓝

甘蓝是我国出口脱水蔬菜中叶菜类的主要商品之一。脱水甘蓝在一些工业发达的国家及边远寒冷地带新鲜蔬菜短缺的地区，可作为新鲜蔬菜的补充，也是一种汤料菜肴，很受消费者欢迎。

1. 选料　选择加工甘蓝品种。脱水前严格选优去劣，剔除有病虫、腐烂、干瘪部分。切除叶梗、粗叶，剥除外层松散青叶片。然后用清水冲洗干净，放在阴凉处晾干，注意不宜在阳光下暴晒。

2. 切削、烫漂　将洗净晾干的甘蓝用机械或手工切除轴芯，根据产品要求分别切成片、丝、条等形状，投入热烫机，以98℃、2% 食盐水烫煮 2 分钟。

3. 冷却、沥水　预煮处理后的甘蓝应立即通过传送带进入冷却槽中用冷水冷却，然后送入套有尼龙网袋的压榨机或离心机除去部分水分，再移入搅拌器中，加适量葡萄糖搅拌 3～5 分钟，搅散拌匀后烘干。

4. 烘干　应根据不同品种确定不同的温度、时间、色泽及烘干时的含水率，烘干一般在烘房内进行。烘房有 3 种：一是简易烘房，采用逆流鼓风干燥；二是用二层双隧道、顺逆流相结合的烘房；三是厢式不锈钢热风烘干机，烘干温度 65～85℃，分不同温度干燥，逐步降温。采用前两种烘房时，将甘蓝均匀地摊放在盘内，然后放到预先设好的烘架上，室温保持 50℃左右，同时要不断翻动，使其加快干燥，一般烘干时间为 5 小时左右。将干品移出，稍微冷却后装入密闭容器内，经 1 昼夜平衡水分。

5. 精选包装　将半成品移入分选机筛除碎屑和杂质，在传送带上拣出粗梗片、焦黄片、低劣片和杂质等，精选后包装、密封、装箱，然后上市。

（二）速冻甘蓝

1. 选料　选择成熟度适宜、无病虫害和外伤、品质鲜嫩、结球紧实、色泽鲜亮的甘蓝进行加工。

2. 清洗分切　将甘蓝清洗干净后浸泡到 20 毫克 / 千克次氯酸钠溶液中 15 分钟，然后分切成一定规格的小块。

3. 漂烫　将分切好的甘蓝在 1% 柠檬酸 +1% 维生素 C 溶液

中，用 65℃漂烫 1 分钟，立即将甘蓝放入冷水中冷却，要求产品温度要低于 5℃。

4. 杀菌 将甘蓝浸泡到 20 毫克 / 千克次氯酸钠溶液中 2 分钟，取出沥干水分。

5. 冷冻 将甘蓝放入 −30℃的速冻装置中迅速冷冻。

6. 包装贮存 将合格产品捡出后进行包装，包装好的产品及时放入 −18℃的冷库中贮存，等待销售。

（三）香辣甘蓝

将甘蓝洗净，沥干表水，切成四瓣，入缸腌制，每 100 千克甘蓝用食盐 10 千克，腌制 5～6 天。取出后放在盆内加重石压出盐水，切成直径 1.5 厘米的菱形块片，再用清水漂洗。榨干水分，每 100 千克甘蓝需用辣椒面 2.5 千克、酱油 2.5 千克、芝麻油 1.5 千克、五香粉少许调匀，然后入坛密封，随用随取。

（四）西餐泡菜

把甘蓝洗净切成大块，辅料胡萝卜、洋葱、青椒等各色蔬菜切成相应大小的块或段，用沸水焯一下，放凉后挤干或沥干水分。用水熬糖，并放入胡椒、红辣椒、味精少许，放凉后加入白醋，搅拌后装入泡菜坛，上面撒一层白糖，放入冰箱内，1 夜后即可食用。

（五）中式泡菜

用深井水或矿泉水配制泡菜水，按 6%～8% 的比例把盐溶化在水中，装坛时，一般装到坛子 3/5 处，放入 0.5% 黄酒、0.5% 白酒、3% 白砂糖、1% 红辣椒，以及小茴香、草果、陈皮、胡椒、山奈、甘草等浅色香料为盐水量的 1%，香料可用布袋包裹放入。将甘蓝洗净沥干后切成大块放入坛中，盖好坛盖，7～10 天后即可食用。

参考文献

［1］方智远. 甘蓝栽培技术［M］. 北京：金盾出版社，2008.

［2］史小强. 提高甘蓝商品性栽培技术问答［M］. 北京：金盾出版社，2010.

［3］王迪轩. 大白菜、甘蓝优质高产问答［M］. 北京：化学工业出版社，2011.

［4］王迪轩. 甘蓝类蔬菜优质高效栽培技术问答［M］. 北京：化学工业出版社，2014.

［5］刘艳波，史小强. 甘蓝四季高效栽培［M］. 北京：金盾出版社，2015.

［6］商鸿生，王凤葵. 白菜甘蓝类蔬菜病虫害诊断与防治图谱［M］. 北京：金盾出版社，2015.